살아있니,
황금두더지

THE GOLDEN MOLE

and
Other Vanishing Treasure

살아있니,
황금두더지

사라져 가는
존재에 대한 기억

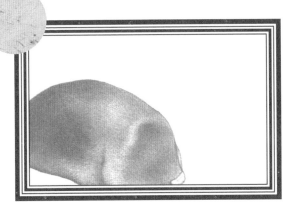

캐서린 런델 글 · 탈야 볼드윈 그림
조은영 옮김

곰
출
판

내게 살아있는 세상을 가르쳐준
크리스 삼촌에게 이 책을 바칩니다.

차례

세상이 경이로움에 굶주린 적은 없다.
경이를 느낄 줄 모르는 인간이 있을 뿐.

– G. K. 체스터턴

Introduction
들어가는 말

유럽칼새는 평생 2백만 킬로미터를 난다. 이는 달까지 두 번을 다녀오고 한 번을 더 갈 수 있는 거리다. 또한 1년에 적어도 10개월은 멈추지 않고 비행한다. 하늘이 몸을 씻어주고 날면서 잠에 빠지기 때문에 땅에 내려올 필요가 없다.

송장개구리는 몸이 꽁꽁 언 상태로 겨울을 보낸다. 그때가 되면 심장은 서서히 느려지다가 완전히 멈추고 내장을 둘러싼 물은 얼어버린다. 봄이 오고 얼음이 녹으면 심장이 다시 팔딱팔딱 뛰면서 저절로 살아난다. 무슨 섭리로 이 개구리의 심장이 다시 박동하는지 아는 사람은 없다.

바다에서는 어미 돌고래가 자궁 속 새끼에게 휘파람을 들려준다. 출산 몇 달 전부터, 그리고 태어난 후에도 2주 동안 어미만의 특별한 휘파람 공연이 이어진다. 이 시기에 무리의 다른 돌고래는 평소보다 조용히 지낸다. 뱃속에서 어미의 노래를 배우는 새끼가 혹여 헷갈릴까 봐서다.

영원한 비행, 제힘으로 뛰는 심장, 자궁에서 어미의 신호를 배우는 새끼의 이야기는 잠자리에서 아이들에게 들려주는 동화 속 이야기인 것만 같다. 그러나 실제 우리가 사는 세계는 이보다 더한 경이로움으로 가득하다. 우리는 진실의 가장자리만 겨우 훑고 있다.

이 책은 인류가 기쁨과 파괴, 즐거움과 위엄, 지혜와 어리석음 속에서 살아있는 다른 생명과 부딪혀온 순간들로 이루어졌다. 이는 우리 자신을 가장 매혹적이고 혼란스러운 상태에서 발견한 역사이기도 하다. 그런 만남의 순간은 수천 권의 책을 채우고도 남을 만큼 넉넉하다. 가령 7세기 영국 섬 린디스판의 수도사 성 커스버트(St Cuthbert)는 어느 날 바다에 빠져 온몸이 젖었을 때 해달에게 도움을 청했다. 해달이 따뜻한 숨을 불어 그의 발을 데우고 털로 몸을 닦아주었다. 어느 아리따운 젊은 여성이 소설가 알렉상드르 뒤마(Alexandre Dumas)에게 약속하길, 연모의 징표로 몽구스와 개미핥기를 한 마리씩 가져오면 그와 기꺼이 한 침대에 들겠다고 했다. 수리남의 어느 눈먼 농부는 위험에서 구해낸 카피바라 새끼를 훈련해 길잡이로 삼았다.《기네스북》에도 기록된 이 이야기에서 남성은 이 거대한 기니피그가 이끄는 대로 세상의 어둠 속에 용감하게 발을 내디뎠다. 그리고 다시 무사히 집으로 돌아올 수 있었다.

역사는 뒤마가 여인의 청을 들어주었는지 끝내 알려주지 않았으나 아무래도 어렵지 않았겠는가. 19세기 파리에서도 몽구스는 돈을 주고 쉽게 살 수 있었지만, 개미핥기를 구하기는 녹록치 않았을 테니. 그러나 왜 그 아가씨가 쥐를 닮은 고양이와 혀가 따뜻한 포유류를 원했는지는 짐작하고도 남는다. 사람들의 마음속에는 자신과 세상을 공유하는 생물에 대한 그런 의외의 갈망이 있다.

이 책은 또한 인간이 지금까지 힘겹게 쌓아온 지식의 토대가 된 엉뚱한 짐작, 뜻밖의 오해, 생생한 실수담이기도 하다. 일례로 인간은 비버의 고환이 훌륭한 최음제라 믿었기에 이 동물을 잡아들였고, 급기야 사냥꾼에게 쫓기던 비버가 제 생식기를 이빨로 뜯어낸다는 터무니없는 이야기를 지어내어 수백 년이나 믿었다. 서기 200년에 기록된 로마의 한 문헌에서 비버는 '제 물건을 잘라 추격자가 쫓아오는 길목에 던져놓고' 도망가는데, 이는 '강도에게 붙잡힌 지혜로운 남성이 목숨을 구하고자 자기 재산을 전부 몸값으로 바치는 것'과 다를 바 없다고 적혀 있다. 그래서 중세의 우화집에는 앞니로 스스로 거세하는 분노한 비버의 이미지가 추가되었다. 이와 비슷하게 타조가 무쇠를 소화한다는 중세 시대의 확신 덕분에 아랍과 유럽의 필사본에서 허기진 새가 말굽이나 칼을 부리에 물고 있는 그림이 곳곳에 실렸다. 이 이야기는 소문에 그치지 않고 9세기 이라크의 위대한 박물학자 알자히즈(Al-Jahiz)가 직접 실험하여 기록까지 남겼다. 그가 보고한 바에 따르면, 이 새는 불붙은 금속 조각도 기꺼이 꿀꺽

했지만 잘못해서 가위를 삼켰다가 안에서부터 몸이 잘려나
갔다. 사람들은 또한 타조 어미가 제가 낳은 알을 강렬한 눈
초리로 한동안 노려보기만 해도 알이 부화한다고 믿었다.

이 오래된 엉터리 사실들은 허구이자 허상이다. 또한 삶에
도사린 공포, 건강과 성적 능력에 대한 갈망, 가혹한 고난을
단번에 해결해줄 마법을 향한 희망과 불안을 드러낸다. 지
금의 우리라고 해서 과거 세대가 행한 잘못을 저지르지 말
라는 법은 없다. 지금까지 인간이 쌓아둔 지식은 방대하지
만 세상에 존재하는 모든 지식에 비하면 지극히 일부에 불
과하므로 배운 것을 철저하고 빈틈없이 지키는 것이 중요하
다.

우리가 발 딛고 서 있는 이 땅과 이곳에서 유래한 것들에 관
해 발견할 사실들이 아직 너무도 많다. 하지만 야생의 존재
와 가까워지려는 인간의 욕망이 정작 그들에게는 아무 도움

도 되지 못했다. 이 책에 나오는 모든 종은 멸종 위기종이거나 그런 종의 아종이다. 어차피 지금 세상에 딱한 처지가 아닌 생물이 어디 있을까. 세계의 생태계를 가장 적극적으로 파괴한 가해자는 글로벌 웨스트지만 그 결과를 전 지구가 감당하고 있다. 시간이 얼마 남지 않았다.

이 책은 신사 모자를 쓰고 손에 채찍을 들고 커다란 콧수염을 붙인 서커스 단장의 모습으로 이야기한다. 자신은 존재감이 없는 사람이지만 그가 소개하는 것들은 놀랍기 그지없다. 그가 말한다.

"친애하는 벗들이여, 지금부터 소개할 것들을 봐주시겠습니까? 이것들이 얼마나 놀랍고 사랑스러운지 동의하시렵니까? 앞으로 다가올 날들에는 당신의 관심과 결연한 사랑이 그 어느 때보다 절실하니까요."

The Wombat
웜뱃

1869년에 영국의 화가 단테 가브리엘 로세티(Dante Gabriel Rossetti)는 '웜뱃은 기쁨이자 승리이고, 즐거움이며 광기이다!'라고 썼다. 첼시의 샤이엔 워크 16번지에 있는 이 화가의 집에는 커다란 정원이 있었는데, 그는 아내와 사별 후 그곳에 야생동물을 채우기 시작했다. 왈라비, 캥거루, 아메리카너구리, 제부(뿔이 길고 등에 혹이 있는 소)를 들였고, 아프리카코끼리를 길러볼 생각도 있었으나 400파운드라는 터무니없는 비용에 마음을 접었다. 투칸을 구매하여 라마를 타고 다니게 길들였다는 소문도 있었다. 그러나 이들 가운데 로세티가 가장 애지중지한 것은 웜뱃이었다.

그는 웜뱃 두 마리를 키웠는데 한 마리는 촘촘한 곱슬머리 때문에 별명이 '탑시(Topsy. 뒤죽박죽이라는 뜻 – 옮긴이)'였던 예술가 윌리엄 모리스(William Morris)를 따라 탑(Top)이라고 불렀다. 1869년 9월, 로세티는 한 서신에서 탑이 평론가 존 러스킨(John Ruskin)의 조끼와 재킷 사이로 파고드는 바람에 도저히 끝나지 않을 것 같던 그의 일장 연설이 끝났다고 썼다. 로세티는 계속해서 웜뱃을 그렸다. 한번은 자신의 정부였던 윌리엄 모리스의 아내 제인이 웜뱃에 목줄을 채우고 산책하는 모습을 그린 적도 있다. 그림 속 제인과 웜뱃은 어쩐지 성이 난 모습이다. 그리고 둘 다 뒤에 후광이 비친다.

로세티의 웜뱃을 향한 남다른 애정을 이해하는 건 어렵지 않다. 웜뱃은 다분히 기만적인 동물이라서 보기보다 날쌔고, 보기보다 용감하며, 보기보다 거칠다. 겉으로는 얼굴이 둥글둥글하니 순해 빠진 인상이다. 웜뱃에 대한 가장 오래된 기록은 1789년 오스트레일리아의 뉴사우스웨일스를 방문한 정착민 존 프라이스(John Price)가 작성한 것이다. 프라이스는 웜뱃이 '키는 50센티미터쯤 되고, 다리가 짧고 몸은 두툼하고 머리가 크며, 귀는 둥글고 눈이 아주 작은 짐승이다. 뚱뚱한 몸집이 오소리를 많이 닮았다'라고 적었다. 이 설명만 들으면 오히려 오소리와는 닮지 않은 것 같다. 사실 웜뱃은 카피바라, 코알라, 새끼 곰이 적당히 뒤섞인 생김새다. 그리고 많은 웜뱃이 무난한 갈색이지만, 남방털코웜뱃 (southern hairy-nosed wombat) 같은 소수는 희귀한 유전자 돌연변이 덕분에 털이 마릴린 먼로의 풍성한 금발과 같은 색이다.

유선형 몸매와는 거리가 멀지만 웜뱃은 최대 시속 40킬로미
터로 달릴 수 있고, 그 속도를 90초나 유지한다. 인간의 달리
기 최고 기록은 2009년에 100미터 달리기에서 우사인 볼트
가 세운 시속 44.7킬로미터이지만 그 속도를 고작 1.61초 유
지했다. 사람은 웜뱃 앞에서 명함도 못 내밀 처지다. 또한 웜
뱃은 성인 남성을 쓰러뜨릴 힘이 있고, 특이하게 등을 뒤로
돌리고 공격해 뼈처럼 단단한 엉덩이 연골로 상대를 벽에
대고 짓누를 수 있다. 웜뱃 굴에서 여우의 으스러진 머리뼈
가 발견된 적도 있다.

웜뱃의 암컷은 조심성이 많고 보호 본능이 강한 어미이며
매년 봄에 한 번 출산한다. 다른 유대류처럼 임신한 지 겨우
30일 만에 배아나 다름없는 새끼를 낳아 배에 달린 주머니
에서 8개월을 데리고 다니며 키운다. 웜뱃의 주머니는 위아
래가 거꾸로 달려 있어 새끼는 어미의 뒷다리 사이로 머리
를 내밀게 된다. 덕분에 어미가 땅을 팔 때 흙이 주머니 안에
들어가지 않는다. 또한 어미 웜뱃은 8개월 내내 분만 상태인
것처럼 보이는데 그래서 〈곰돌이 푸〉에 웜뱃이 아닌 캥거루
가 등장한 것 같다.

초기 오스트레일리아 정착민에게 웜뱃은 달갑지 않은 동물

이었다. 캥거루 스테이크처럼 웜뱃으로 만든 햄도 이들의 부실한 식단에 영양소를 더해주었지만, 농사를 망칠 위협이 먼저였고 그래서 보이는 족족 죽였다. (웜뱃의 똥이 거의 완벽한 정육면체라 뒤를 쫓기는 쉬웠다.) 1906년에 빅토리아에서 웜뱃은 유해조수로 분류되었고, 1925년에는 포상금까지 내걸어서 사냥꾼들은 웜뱃 머리 가죽 하나에 10실링씩 받았다. 포상금이 사냥을 부추겨 지주 한 사람이 1년에 1,000마리도 넘는 웜뱃의 머리 가죽을 거래한 일도 있었다.

흔하다(common)는 이름에도 불구하고 애기웜뱃(common wombat)은 더 이상 흔하지 않다. 자연 서식지가 과도하게 방목되고 파괴되면서 개체 수가 급감했다. 웜뱃의 모든 종이 법적으로 보호되고 특히 북방털코웜뱃(northern hairy-nosed wombat)은 멸종 위험도가 가장 높은 절멸 위급 상태다. 북방털코웜뱃은 다른 흔한 종에 비해 가죽이 더 윤기 나고 부드럽다. 시력이 좋지 못해 어둠 속에서 먹이를 찾을 때면 커다랗고 비단처럼 부드러운 코에 의존한다. 이 웜뱃의 서식지가 서서히 침식되어 지금은 지구상에서 가장 희귀한 육상 포유류의 하나가 되었다. 1982년의 통계에서는 살아남은 개체 수가 고작 30마리라고 기록되었다. 최근에는 인류의 우매한 파괴력을 피해 251마리가 살아있다고 파악된다.

어떤 웜뱃은 인간의 손에 직접 죽었다. 1803년에 유명한 탐험가 니콜라 보댕(Nicolas Baudin)은 뉴 홀랜드(오늘날의 오스트레일리아)에서 돌아오는 길에 나폴레옹의 아내인 조세핀에게 바칠 선물로 노아의 방주를 준비했다. 그러나 항해 중에 절반이 넘는 선원이 병에 걸려 배를 떠났고, 캥거루 열 마리가 동사했으며, 승선한 식물학자는 남은 동물을 실내에 두기 위해 자기 방을 내주는 등 악재가 계속되었다. 병든 에뮤에게 설탕과 와인을 먹이자 오히려 상태가 악화되었고, 나중에는 보댕 자신도 피를 토했다. 웜뱃 두 마리가 죽었지만 적어도 한 마리는 무사히 도착해 마침내 조세핀 황후의 품에 안겼다.

웜뱃은 다른 위로를 찾을 수 없던 상황에서 위로가 되었다. 독일 철학자 테오도어 아도르노(Theodor Adorno)는 제2차 세계대전 이후에 프랑크푸르트 동물원을 자주 방문했다. 그는 1965년에 동물원 원장에게 다음과 같은 편지를 보냈다. '프랑크푸르트 동물원에 웜뱃 한 쌍을 들여놓으면 어떻겠습니까… 어린 시절에 이 다정하고 둥근 동물한테서 크나큰 동질감을 느꼈죠. 다시 볼 수 있다면 더없이 기쁠 것 같습니다.'

사랑만 준다고 되는 것은 아닌 지라 로세티의 웜뱃은 사육 상태에서 잘 지내지 못했다. 로세티가 마지막으로 그린 웜뱃 스케치는 죽은 웜뱃 사체 앞에서 손수건으로 얼굴을 덮고 흐느끼는 자신이었다. 다음은 그가 애절한 마음을 담아서 쓴 4행시다.

내 어린 웜뱃을 기른 것은
그 바늘구멍 같은 눈으로 나를 기쁘게 하려 함이 아니었다.
그러나 통통하고 꼬리도 없는 이 동물은
가장 사랑스럽던 순간 세상을 떠나고 말았다.

The Geenland Shark

그린란드상어

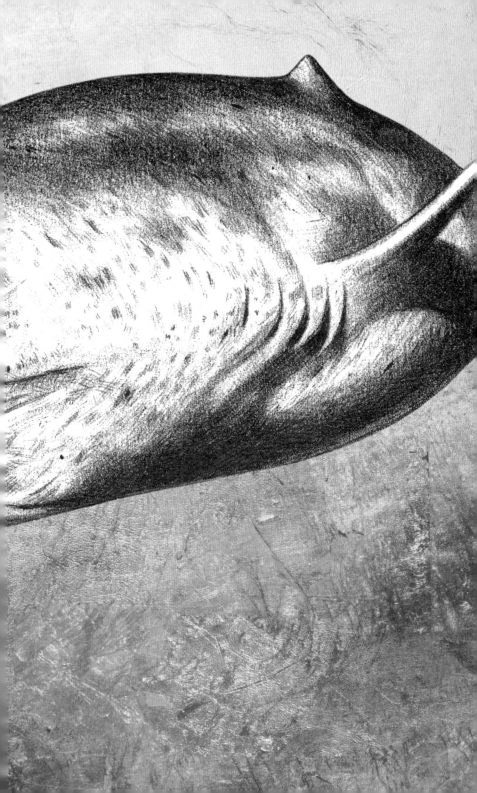

1606년, 극심한 전염병이 런던을 휩쓸었다. 죽어가는 이들
은 가족과 함께 집에서 격리되었고, 극장, 베어 베이팅(bear-
baiting. 사슬에 묶은 곰을 개와 싸우게 하는 경기 – 옮긴이), 사창
굴은 폐쇄되었다. 평소 역병에 대한 글은 거의 쓰지 않은 셰
익스피어가 사회의 불안함을 언급한 것도 이즈음이었다.

> 망자의 조종이 울려도
> 누구의 죽음인지 묻는 이 하나 없고,
> 선한 자의 목숨은 모자의 꽃보다 먼저 시들어
> 병이 들기도 전에 죽어버리니.

셰익스피어가 저 글을 썼을 당시 북해에서 헤엄치던 그린
란드상어가 지금까지 살아있다. 그때 이미 백 살쯤 되었을
테지만 짝짓기할 나이가 되려면 좀 더 기다려야 했다. 그 상
어의 부모는 14세기 이탈리아 소설가 보카치오(Giovanni
Boccaccio)와 한 시대를 살았고, 고조부모는 율리우스 카이

사르(Julius Caesar)와 같은 하늘 아래 있었다. 지상 세계가 불에 타고 재건되고 다시 불에 타는 수천 년 동안 그린란드상어는 고요히 물속을 유영했다.

그린란드상어는 지구에서 가장 나이가 많은 척추동물이다. 하지만 과학자들이 그 나이를 가늠하게 된 것은 최근이다. 덴마크 물리학자 얀 하이네마이어(Jan Heinemeier)가 방사성 동위원소인 탄소-14(^{14}C)로 수정체 단백질 크리스탈린(crystallin)을 분석해내면서다. 지구에서 자연적으로 발견되는 탄소-14의 양은 해마다 다르다. 인류가 핵무기에 가장 열을 올리던 1960년대에는 그 수치가 어마어마했다. 그러나 해마다 기록된 탄소-14 값은 고유하다. 상어의 눈에 있는 크리스탈린을 조사하면 대략적으로나마 그 개체가 태어난 시기를 추정할 수 있다. 조사한 스물여덟 마리 중에서 가장 큰 5미터짜리 암컷이 272세에서 612세 사이였다. 상어의 몸은 평생 자라기 때문에 몸길이는 상대적인 나이를 알 수 있는 좋은 지표다. 7미터까지 자라는 그린란드상어의 기록이 있는 것으로 보아 오늘날 바닷속에는 6세기를 살아온 상어가 있을 가능성이 매우 높다.

그린란드상어가 특출나게 아름다운 생물은 아니다. 얼굴은

뭉툭하고 지느러미는 자라다가 말았고, 눈은 옴마토코이타 엘롱가타(*Ommatokoita elongata*)라는 갑각류를 끌어들인다. 지렁이처럼 생긴 이 생물은 상어의 각막에 들러붙어 종이테이프처럼 펄럭거리며 눈을 가리기 때문에 상어의 외모를 더욱 볼썽사납게 만든다. 상어는 몸에서 냄새도 난다. 요소가 고도로 농축되어 있기 때문이다. 이는 몸이 바다와 같은 농도를 유지해 삼투 현상으로 바닷물이 몸속에 들어오지도, 몸속의 물이 빠져나가지도 않게 하는 데 필수적이다. 그 바람에 지린내가 짙게 풍겨 이누이트 전설에서 상어는 바다의 여신 세드나의 요강에서 태어났다고 전해진다. 상어를 날로 먹으면 인체에 독이 되는 것도 이 때문이다. 처리하지 않은 상어 고기를 먹으면 살 속의 독이 '상어에 취하게' 만드는데, 어질어질, 비틀비틀, 헤롱헤롱하다가 먹은 것을 모두 게워 낸다. 이 살덩어리를 몇 달간 땅에 묻어 발효시키고 다시 몇 달간 바깥에 매달아 말리고 나서야 먹어도 탈이 나지 않는다. 잘게 잘라서 먹는 이 상어 고기를 하우카르틀(hákarl)이라고 하는데 누구는 진미라고 하고 누구는 혐오 식품이라고 한다. 아주 잘 익은 치즈 맛임에는 틀림없다. 다만 한여름 10대 남자아이 차 안에 일주일 정도 묵혔던 치즈 같달까.

그린란드상어는 오랜 세월을 살아오면서 몸이 무척이나 굼

떠졌다. 전속력으로 분발해봐야 겨우 시간당 2.75~3.5킬로미터를 이동한다. 바다에서 다른 동물의 살점을 먹고 사는 가장 큰 두 육식동물 중 하나이지만 대사 과정이 말도 못 하게 느리다. 200킬로그램짜리 상어가 하루에 고작 초콜릿 다이제스티브 크래커 1.5개에 해당하는 열량을 소모한다니 더 말해 무엇하랴. 이들은 오히려 어미 배 속에 있을 때 더 굶주렸다. 성격이 가장 거친 태아가 날카로운 이빨로 제 형제자매를 잡아먹고 홀로 어미의 몸 밖으로 나온다. 새끼 상어는 태어난 순간부터 죽을 때까지 사냥꾼이자 청소동물로 살아간다. 수면 위에서 잠자는 바다표범을 주로 사냥하지만, 순록이든 북극곰이든 사실상 해빙에서 떨어지는 것은 무엇이든 입에 넣는다. 상어의 위에서 사람의 다리가 발견된 적도 있다(나머지 신체 부위는 나오지 않았다). 그린란드상어는 죽음에 이르는 과정조차 느리다. 1834년에 한 선박의 상주 의사 헨리 듀허스트(Henry Dewhust)는 상어 한 마리가 붙잡혀 죽기까지의 과정을 지켜보고 글로 적었다.

갑판 위로 끌어올리자 꼬리를 어찌나 격렬하게 흔들어대던지 가까이 다가가기가 겁날 정도였다. 뱃사람들은 대개 시간을 허비하지 않고 곧바로 상어를 처리한다. 토막 난 살점은 생명이 소멸한 후에도 한동안 근육이 수축한다. 따라서 완전히 죽이기가 극도로 어렵고, 머리가 잘렸다고 해도 함부로 입안에 손을 넣으면 안 된다… 3일이 지나고 나서도 그 부위를 밟거나 때리면 물 수 있다.

그린란드상어는 깊은 물 속에서 비밀스럽게 살아간다. 수면에 모습을 드러낼 때도 있지만 평소 어둡고 차가운 바다 밑바닥 주변에서 지내는 걸 선호한다. 수심 2,200미터 아래에서도 발견된 적이 있다. 에펠탑 여섯 개를 쌓아 올려야 수면에 닿는 깊이다. 이 상어가 새끼를 낳는 장면을 본 사람도 없고, 짝짓기하는 모습이 들킨 적도 없다. 사는 모습을 볼 수 없다는 것은 멸종의 위험이 어느 정도인지 가늠하지 못한다는 뜻이기도 하다. 그린란드상어는 현재 세계자연보전연맹(IUCN) 적색목록(국제자연보호연맹이 2~5년마다 발표하는 생물다양성에 관한 보고서)에 준위협 상태로 올라가 있지만, 실제로는 세상에서 가장 흔한 상어일 수도 있고 절체절명의 위기에 처해 있을 수도 있다. 우리가 아는 것은 한동안 대량으로 남획되었다는 사실뿐이다. 1900년대에는 몸에서 기름을 추출하기 위해서 1년에 3만 마리씩 죽어 나갔다. 노르웨이 군도에 50년 전 상어의 간유로 만든 페인트를 칠한 집들이 여전히 선명한 색을 자랑한다는 소문이 있다. 그 외에 이 상어에 대해 알고 있는 게 한 가지 더 있으니, 상어 암컷 한 마리가 처음 번식 준비를 마칠 때까지 150년이 걸리며 그래서 개체군이 아주 천천히 보충된다는 사실이다. 그린란드상어는 부모로서도 더없이 훌륭하다. 2세기 그리스 시인 오피앙(Oppian)은 위험한 상황에서 부모가 입을 동굴처럼 벌리더니 제 새끼를 그 안에 감췄다고 전했다. 안타깝게도 이 이야기는 사실이 아닐 가능성이 높지만, 아무튼 우리가 이 물고기를 잘 보살펴야 한다는 사실에는 변함이 없다.

그린란드상어는 선박과 잠수부가 도달하는 곳 너머에 살기 때문에 이들이 어디에서 얼마나 헤엄치고 다니는지 알 길이 없다. 수면 위로 올라오는 것은 극지인 그린란드와 아이슬란드 주변의 차가운 물에서만이다. 과학자들은 충분히 깊고 차가운 바다면 어디에서나 이 상어가 나타날 수 있다고 말한다. 생각보다 가까이 있을지도 모른다.

그린란드상어로 태어나지 않은 것이 얼마나 다행인지. 나는 500년이나 살고 싶은 생각이 없다. 하지만 저들이 오래 산다는 건 희망적이다. 그 긴 시간을 살면서 우리가 현재의 혼돈과 그 뒤에 닥칠 붕괴를 어찌 겪어내는지 볼 것이며, 변화와 발견, 그리고 해방에 이르기까지 현재로서는 상상도 하지 못할 일들을 겪을 것이다. 살아낸다는 것, 그것이 진정한

이 생물의 미덕이며 그래서 숨이 멎을 만큼 아름답다. 굼뜨
고 냄새나고 반쯤 눈이 먼 이 생명체가 아마도 지구가 제공
하는 영원에 가장 가까운 존재가 아니겠는가.

The Giraffe
기린

로마 시인 호라티우스(Horatius)는 철저한 반(反)기린주의 자였다. 그는 이 동물이 본질적으로 단정치 못한 동물이라고 생각했다. '벗이여, 만약 어떤 화가가 말의 목에 인간의 얼굴을 그려놓았다면, [또는] 어느 사랑스러운 여인네가 둔부에 검은 물고기 꼬리를 추하게 달고 있다면, 그 꼴을 보고도 비웃지 않을 수 있겠는가?' 기원전 8년경에 쓴 《시학》에서 기린에 대한 그의 이야기는 이런 애원으로 끝을 맺는다. '원하는 대로 창작해도 좋다. 단, 한 번에 한 가지씩만.' 기원전 46년에 율리우스 카이사르가 알렉산드리아에서 로마로 기린 한 마리를 데리고 돌아왔을 때(혹자는 클레오파트라가 준 선물이라고 했다), 거리를 메운 사람들은 호라티우스의 말대로 두 가지 동물이 절묘하게 조합된 생물을 보았다. 사학자 카시우스 디오(Cassius Dio)가 《로마사》에 이렇게 썼다. '이 짐승은 네 다리의 길이가 모두 같지 아니하고 뒷다리가 더 짧다는 점만 빼면 모든 면에서 낙타를 닮았다… 높이 우뚝 선 채로… 목을 비정상적인 높이까지 차례차례 들어 올린다. 가죽은 표범의 얼룩이 장식한다.' 그러나 군중은 예술적 기교가 아낌없이 발휘된 기린의 잡종성에 열광했다. 디오는 이렇게 썼다. '이런 연유로 두 동물을 합쳐서 이름을 지었다.' 카멜로파르달리스(Camelopardalis), 이른바 낙타표범이다.

역사 속에서 사람들은 의욕적으로 이런 기적의 존재를 설명하려고 했다. 903년에 페르시아 지리학자 이븐 알 파키흐(Ibn al-Faqih)는 기린이 '수표범과 암낙타가 교미하여' 나온 짐승이라고 했다. 13세기 천지학자 자카리야 알-카즈위니(Zakariya al-Qazwini)는 저서 《창조의 경이(Wonders of Creation)》(마침 이 책에는 유니콘의 뿔이 달린 토끼 알 미라즈[al-mi'raj]도 소개한다)에서 기린은 두 사건의 연속으로 창조되었다고 제안했다. '하이에나 수컷이 아비시니안 낙타의 암컷과 교미하여 낳은 아들이 야생 암소에 올라타서 낳은 새끼가 기린이다.' 어떤 시나리오든 진화적 관점에서는 난감하기 짝이 없다.

기린이 마법으로 태어났다고 주장하는 이들도 있었다. 중국 명나라 초기에 활동한 탐험가 정화(鄭和)는 난징에 기린 두 마리를 데려와서는 발굽 달린 착한 기린(qilin. 동양의 전설 속

동물. 용의 머리와 사슴의 몸, 소의 꼬리와 말의 발굽과 갈기가 달렸고 암컷에는 뿔이 있다 - 옮긴이)이라 여기며 애지중지했다. 영국 찰스 1세 때 왕실 예배당의 사제이기도 했던 알렉산더 로스(Alexander Ross)는 1651년에 쓴 《소우주의 비밀(Arcana Microcosmi)》에서 기린 같은 동물이 자연계에 실재하는 바람에 '박물학자들은 그리핀(griffin. 사자의 몸통에 독수리의 머리와 날개, 앞발을 가진 동물 - 옮긴이) 따위의 존재를 믿는 옛 통념을 무너뜨릴 수 없었다… 고대인들은 그처럼 기묘하게 뒤섞인 동물이 진짜로 있다고 믿었다. 기린(gyraffa. 또는 낙타 표범)만 보아도 표범과 버팔로, 수사슴과 낙타라는 훨씬 낯선 조합으로 이루어졌기 때문이다'라고 말했다.

로스가 옳았다. 기린의 진실은 인간이 지어낸 허구보다 더 허황되다. 기린은 낙타와 하이에나의 교합 없이 태어나지만 그 탄생의 순간은 여전히 경이롭다. 15개월의 임신 끝에 1.5미터 높이의 자궁에서 새끼를 떨어뜨리다시피 출산하는데, 그 과정이 어찌나 간단하고 신속한지 꼭 핸드백을 홀딱 뒤집어 비우는 것 같다. 몇 분 만에 새끼는 패션모델 같은 다리를 달달 떨면서 일어서고, 젖이 새지 않게 며칠 전부터 어미의 네 젖꼭지에 생긴 작은 밀랍 마개를 입으로 뜯어낸 다음 젖을 빤다. 새끼는 금세 뛰어다닐 수 있지만 자기 뒷다리에 걸려 넘어지기 십상이다. 그리고 이 위험을 피하는 방법은 죽을 때까지 배우지 못한다.

다 자라면 디너용 접시만큼 커지는 발로 시속 60킬로미터로 달릴 수 있지만 그러지 않는 편이 안전하다. 잘못하다가는 제 발에 엉키기 때문이다. 햇빛으로부터 보호하기 위해 짙은 청보라색을 띠는 혀는 길이가 50센티미터나 되며 발굽 달린 그 어느 동물보다 힘이 좋아서 혀끝을 콧구멍 깊숙이 넣고 콧물을 싹싹 긁어낸다. 키로 따지자면 감히 견줄 자가 없는 포유류계의 마천루로서 지금까지 기록된 최장신은 마사이기린 수컷이며 무려 5.9미터나 되었다. 탐험가 존 맨더빌(John Mandeville)이 1356년에 출간한 최초의 영어 문헌에서 기린을 'gerfauntz'라고 지칭하며, 목의 '길이가 20큐빗[약 9미터]이고… 대저택 위로 솟아오를 정도'라고 쓴 것은 아주 살짝만 부풀린 것이다(사실 맨더빌이라는 이름은 신원 미상의 인물에 대한 가상의 호칭이므로 그의 말을 다 믿을 수는 없다). 그러나 이렇듯 모두의 위에 있으면서도 작은 것들에게 살뜰한 동물이 기린이다. 기린은 제 몸에 노란부리소등쪼기가 살게 한다. 이 작은 새들은 기린의 털가죽에서 진드기를 제거하고 이빨 사이에 낀 음식 찌꺼기를 청소한다. 한밤중에 몸이 젖지 않으려고 기린의 겨드랑이에 파고들어 자고 있는 놈들이 사진에 찍힌 적도 있다.

미국 조지아주 애틀랜타에서는 기린을 가로등에 묶어두는 것이 불법이다. 그러나 사냥당한 지 얼마 안 되어 속눈썹이 여전히 붙어 있는 기린의 머리로 만든 쿠션을 수입하는 것은 불법이 아니다. 미국은 세계에서 기린의 신체 부위가 가장 활발하게 거래되는 시장이다. 지난 30년간 개체 수가 40퍼센트나 감소해 6만 8,000마리도 채 남지 않았는데, 아직이 동물을 멸종 위기종으로 지정하지 않고 버티기 때문이다. 최근 10년 동안 미국에서 사냥꾼들이 기린 사체 3,744구를 수입했다. 살아있는 기린의 5퍼센트나 된다. 만약 당신이 개성 있는 종말론자의 분위기를 풍기고 싶다면 바닥까지 내려오는 기린 코트와 기린 가죽으로 장정한 성경책을 구입할수 있다. 기린 중에서 가장 희귀한 품종은 지구에서 자취를 감추기 직전이다. 누비아기린 개체군은 지난 40년 동안 98퍼센트가 감소해 야생에서는 곧 절멸될 것이다. 아름다움이 독이 되어 위험에 빠진 셈이다. 로마의 위대한 박물학자 대(大) 플리니우스(Gaius Plinius Secundus)의 말처럼 부(富)란 '당장이라도 완전하게 소멸될 수 있는 것을 소유함으로써' 증명하는 것이니.

우리는 왜 기린이 이런 모습이 되었는지 알지 못한다. 비교적 최근까지도 기린의 긴 목은 다윈이 제시한 이론대로 설명되었다. '먹이 경쟁설'에서는 임팔라나 쿠두처럼 풀을 뜯어 먹고사는 동물이 경쟁을 통해 남들이 닿지 못하는 먹이를 먹을 수 있게 목의 길이를 점차 늘여간다는 상식적인 가정을 한다. 그러나 기린이 목을 완전히 곧추세우고 풀을 뜯는 일이 상대적으로 많지 않다는 최근 연구 결과가 있었고, 오히려 목이 긴 개체는 기근이 찾아왔을 때 죽을 확률이 더 컸다. 긴 목은 수컷들이 '넥킹(necking)'을 할 때 유리하다. 넥킹은 수컷들이 서열을 정하기 위해 서로 목을 휘두르는 싸움이다. (앞으로 넥킹에 관해서 더 많은 내용이 밝혀질 것 같다. 넥킹은 종종 싸움 중인 수컷들 사이에서 성행위로 이어진다. 실제로 기린들 사이에서 일어나는 대부분의 성적 행동이 동성 간에 일어난다. 관찰된 성적 행동의 94퍼센트가 동성의 수컷이 서로 올라타는 동작이라는 연구 결과도 있다.) 연유가 무엇이든 긴 목에는 대가가 따른다. 매번 기린이 물을 마시려고 다리를 벌리고 고개를 크게 숙일 때면 피가 한꺼번에 뇌로 쏠린다. 그래서 목을 구부릴 때마다 기린의 목정맥은 머리로 피가 흐르지 못하게 일시적으로 혈관을 닫아버리는데, 그렇게 하지 않으면 고개를 들어 올릴 때 졸도할 수 있기 때문이다. 따라서 주위에 물이 아무리 풍부해도 기린은 며칠에 한 번씩만 물을 마

신다. 기린으로 산다는 게 이렇게 현기증 나는 일인지 누가
알겠는가.

기린에는 사람을 홀리는 뭔가가 있다. 1827년, 한 기린이 걸
어서 파리에 입성했다. 이 암기린은 유럽에 들어온 첫 번째
기린은 아니었으나 – 1487년에 로렌초 데 메디치가 이탈
리아에 기린 한 마리를 들여온 적이 있었다. 피렌체 사람들
은 2층 건물의 창문 밖으로 위험천만하게 몸을 내밀어 기린
에게 먹이를 주었다 – 의상만큼은 최고로 갖춰 입었다. 백
합 문장이 수놓아진 맞춤형 투피스 우비를 입은 이 기린은
이집트 통치자 무함마드 알리(Muhammad Ali)가 샤를 10세
에게 준 선물이었다. 수단의 센나르에서 배를 타고, 또 걸어
서 장장 2년이 넘게 이동한 끝에 결국 한여름에 파리에 도착
해서는 고개를 숙여 왕의 손에 올려진 장미 꽃잎을 먹었다.
이 기린은 'la Belle Africaine, le bel animal du roi(아프리카
의 미, 왕의 아름다운 동물)'로 알려졌고 보통은 '라 지라프(la
girafe, 기린)'라고들 불렸는데 신 또는 왕처럼 유일무이하다
는 뜻에서 정관사가 붙었다. 라 지라프는 쪽모이 세공 마루
로 광이 나는 왕궁 동물원 우리에서 지냈다. (사육사는 이 우
리를 '작은 숙녀를 위한 내실[內室]'이라고 불렀다.) 수천 명의 파
리지앵이 이 숙녀를 보기 위해 줄지어 지나가며 열광했다.

가게마다 기린 도자기, 기린 비누, 기린 벽지, 기린 크라바트 (cravat. 남성용 넥타이), 기린 무늬의 드레스가 넘쳐났고, 그해의 키워드는 '기린의 배' '사랑에 빠진 기린' '귀양살이 중인 기린'이었다. 또한 패션 좀 안다 하는 사람들 사이에서 머리를 수직으로 세우는 헤어스타일이 유행하기 시작했다. 여성은 돼지기름으로 만든 포마드에 오렌지꽃과 재스민 향을 첨가해 머리에 바르고 기린의 뿔처럼 감아올렸다. 기린을 흉내 내려고 어찌나 머리를 높이 올려 세웠는지 실내 마차의 의자에 앉지 못하고 바닥에 주저앉아서 가는 여성들이 보도될 정도였다.

그러나 모든 것은 시들해지기 마련이고 기적에도 따분함을 느끼는 게 인간이다. 샤를 10세는 폐위되었고 그의 아들은 단 20분 동안 제위에 올랐으며 기린은 인기가 사그라들도록 살았다. 라 지라프는 1845년에 홀로 죽었고, 박제되어 파리 식물원 로비에 세워졌다. 화가 외젠 들라크루아(Eugène Delacroix)가 기린의 몸을 구경하러 갔다가 수컷인 줄 착각하고 이렇게 썼다. '그는 완벽했던 등장만큼 완벽하게 잊힌 채 세상을 떠났다.'

격렬했던 파리 시민의 반응이 내게는 가장 옳게 보인다. 기린을 향한 열정이 잦아들면 안 되었다. 우리는 여전히 30센티미터짜리 탑을 머리에 얹고 있어야 한다. 왜 우리는 멈추었을까? 이 땅에는 영광스럽고 잊어서는 안 되는 것들투성이다. 그리핀보다 괴이하고 대저택보다 더 높이 솟은 기린은 그 사실을 증명하기 위해 우리에게 온 과분한 선물이다.

The Swift
칼새

칼새처럼 공중 생활에 최적화된 새가 또 있을까. 달걀보다 가벼운 몸에 날개는 큰 낫의 날처럼 휘었고 꼬리는 포크처럼 갈라진 이 새는 날면서 먹고 날면서 잔다. 공중에서 구할 수 있는 재료로만 둥지를 짓다 보니 잎과 잔가지 사이에 끼어서 퍼덕대는 나비까지 목격된다. 암수의 교미는 공중에서 일순간의 충돌로 이루어지고, 또 그렇게 하는 유일한 새다. 몸을 씻을 때는 먹구름 뒤를 쫓아가 흩뿌리는 빗속에 날개를 한껏 펼치고 유유히 비행한다.

그중에서도 가장 기막힌 것은 이들의 밤이다. 칼새는 뇌의 반쪽씩만 잠이 든다. 좌우 반구가 번갈아가며 절반만 끄고 절반은 켠 상태로 기능을 유지해 바람의 변화를 주시하고 잠이 든 곳에서 그대로 깨어난다. 이주 중에는 미리 정해놓은 경로를 정확히 유지한다. 왼쪽 반구가 먼저 닫히고, 그다음에 오른쪽, 그래서 자는 동안에는 공중에서 몸이 조금씩 흔들린다. 이런 사실을 작가인 제프리 초서(Geoffrey

Chaucer)는 진작에 알았던 모양이다. 그의 작품 《캔터베리 이야기》에 '밤새 눈을 뜨고 자는' 작은 새가 등장한다. 제1차 세계대전 중에 한 프랑스 조종사는 보름달이 뜬 날, 달빛 아래 정찰 비행을 하면서 유령 같은 새 떼를 보았는데 공중에서 완전히 정지한 것 같았다고 전한다.

> 3,000미터쯤 올라왔을까... 멈춰 있는 듯한, 아니 적어도 어떤 눈에 띄는 반응을 보이지 않는 이상한 새 떼가 홀연히 나타났다. 우리보다 고작 몇 미터 아래에서 하얀 구름바다를 배경으로 넓게 흩어져 있었고, 위쪽으로는 하나도 없었다. 우리는 곧 새 떼 한복판에 들어섰다.

당시에는 누구도 그의 말을 믿지 않았다. 있을 수 없는 일이었으니까.

있을 수 없는 그 일을 칼새가 한다.

칼새는 칼새과(Apodidae) 조류인데 그리스어로 'ápous' 즉 '다리가 없다'는 뜻이다. 과거에는 사람들이 칼새에 다리가 없다고 믿었다. 아직도 칼새에 대해서는 아는 바가 많지 않다. 일단 잡기가 너무 어렵다. 하지만 적어도 칼새에 다리가 있다는 사실은 밝혀졌다. 아주 작고 약할 뿐이다. 다 자란 칼새는 꼭 필요하면 걷기도 하지만 새끼는 걷지 못하고 특별한 상황이 아니면 굳이 걸을 일도 없다. 둥지 밖으로 몸을 기울인 다음 힘차게 날아올라 그길로 곧장 아프리카까지 가는데, 어떤 칼새는 장장 10개월 동안 땅을 밟지 않는다. 일부는 2년 내지는 4년 동안 지상으로 내려오지 않고, 평생 비행을 멈추지 않는 소수의 능력자도 있다. 둥지의 어린 새들은 부화한 지 한 달쯤 되었을 때부터 위대한 여행을 준비하며 팔굽혀펴기로 날개의 힘을 기른다. 새끼는 둥지 바닥을 날개로 누르면서 몸을 들어 올리고 몇 초간 버틸 수 있을 때까지 연습한다. 그때가 되면 준비 완료다.

우리는 이 새가 자기가 가야 할 길을 어떻게 그렇게 절대적으로 확신하는지 알지 못한다. 그러나 이 새가 빠르다는 건 안다. 칼새는 수평 비행하는 새 중에서 가장 빠르다(송골매가 급강하할 때의 속도는 칼새를 넘어서지만 평지 경주에서는 칼새를 이기지 못한다). 공식적으로 기록된 최고 스피드가 시속 111.6킬로미터이며, 아프리카와 아시아에서 발견되는 바늘꼬리칼새는 최고 속도가 시속 170킬로미터까지 된다는 보고가 있다. 칼새는 1년에 약 20만 킬로미터를 비행한다. 적도에서 잰 지구 둘레가 약 4만 75킬로미터니까 칼새 한 마리가 매년 지구 둘레를 다섯 번씩 도는 셈이다. 생각만 해도 진이 빠지는 여정이지만, 나는 피곤함에 지친 칼새를 본 적이 없다.

칼새는 세상 강인한 체력과 요란한 울음소리로 오랫동안 사람들에게 전율을 일으켰다. 문장학(紋章學: 가문의 문장과 역사를 연구하는 학문)에서 칼새는 마틀렛(martlet)이라는 상상의 새 문양에 영감을 주었다. 마틀렛은 발이 없다. 땅에 내려올 수 없기에 날갯짓을 멈추지 못하므로 쉼 없는 추구와 수행을 상징한다. 지식과 모험과 배움에의 꾸준한 탐색이다. 이 새는 넷째 아들의 문장에 사용된 상징이다. 가문의 장자는 재산을 물려받고, 둘째와 셋째는 교회에 바친다. 하여 넷째는 어디에도 구애받지 않고 마음껏 제 운명을 개척할 수 있었다. 참회왕 에드워드는 도덕성이 아주 뛰어난 사람이라 사후에 그의 방패에는 마틀렛 다섯 마리가 주어졌다. 새는 그들이 뒤쫓는 태양처럼 황금색이다.

칼새과는 아주 오래된 분류군으로 이미 7000만 년 전에 다른 새들에게서 분리되었다. 티라노사우루스와 안면이 있었을 정도로 오래된 종이라는 뜻이다. 칼새의 움푹 들어간 눈에는 앞쪽으로 강모가 달렸는데, 적도에 내리쬐는 햇빛의 눈부심을 막는 선글라스 기능을 한다. 칼새과에는 필리 핀에서만 발견되는 9센티미터짜리 피그미칼새(tiny pygmy swiftlet)에서부터 날개를 편 길이가 25센티미터나 되는 흰 목덜미칼새(white-naped swift)까지 100종이 넘는다. 흰목덜 미칼새는 혼자 있을 때는 조용하다가도 무리가 모이면 쉬지 않고 크리, 크리, 크리, 수다를 떤다.

전봇대 전선이나 나무에 홀로 앉아 있는 새를 보았다면, 그 건 칼새가 아니다. 칼새는 창턱에 앉아 노래하는 사교적인 가수도, 디즈니 공주님의 손가락에 사뿐히 올라앉는 새도 아니다. 칼새는 행운의 화신처럼 거칠게 날아다닌다. 그러 나 다른 생물들처럼 인간이 없으면 더 활개 칠 것이다. 영국 에서 발견되는 유일한 칼새가 짝짓기 철에 그곳을 찾는 유 럽칼새(*Apus apus*)인데, 아직 절멸 위급까지는 아니지만 지 난 20년 동안 번식하는 개체 수가 50퍼센트나 줄었다. 유럽 칼새는 평생 짝짓기하며 매년 아프리카에서 날아와 같은 장 소에서 둥지를 짓는다. 대개 지붕의 기와 밑이나 옛날식 주 택과 헛간의 처마에 둥지를 튼다. 오래된 건물을 철거하거 나 방수 공사를 하면 칼새는 달리 안전하게 알을 낳을 장소 를 찾지 못한다. 칼새는 곤충의 개체 수를 좌지우지하는 대 량 살충제 사용과 지구 온난화에도 영향을 받는다.

칼새는 공중에 떠 있는 것만 먹을 수 있고, 새끼가 있는 칼새
는 하루에 곤충을 무려 10만 마리나 모아야 한다. 칼새는 먹
이를 1,000마리씩 묶어서 목 안의 혹에 저장한다.

인간의 치명적인 식탐도 문제다. 인간은 몸에 좋다는 것은
무슨 수를 써서라도 먹어야 직성이 풀리는 동물이다. 예로
부터 이 새의 둥지로 수프를 만들어 먹으면 피부가 맑아지
고 몸에 생기가 돈다는 말이 있는데, 그러려면 이 멸종 위기
의 칼새 둥지를 엄청나게 수거해야 한다. 오늘날 유독 날카
로워진 칼새의 울음소리가 사람을 향한 경고와 비난의 일갈
로 들리는 것도 그럴 만하다.

1970년대에 영국의 시인 테드 휴스(Ted Hughes)는 칼새에
게 바치는 연시를 썼다. 지금에 와서는 조금 다르게 읽히지
만, 이 새의 영광과 질주하는 고음의 용맹을 노래한다.

다시 한번 그들이 해냈다.
지구는 여전히 돌고 있고, 창조물은 새롭게 깨어난다.
여름이 다가온다는 뜻이다.

The Lemur

여우원숭이

동물계의 조언은 곧이곧대로 받아들이지 않는 편이 아무래도 가장 좋겠지만 내 생각에 여우원숭이는 예외다. 이들은 우두머리 암컷이 이끄는 모계 집단을 이루고 산다. 호랑꼬리여우원숭이(ring-tailed lemu)가 춥거나 겁을 먹었거나 유대관계를 원할 때는 한데 모여 '여우원숭이 덩어리'라고 부르는 털 뭉치가 되는데, 축구공에서 자전거 바퀴 크기까지 다양한 흑백의 구체를 형성한다. 서로 꼬리와 발이 뒤엉키고 호두처럼 작고 경쾌하게 뛰는 심장을 마주 댄다. 그런 모습을 보고 있자면 너도 너만의 여우원숭이 덩어리를 찾으라는 계시가 들리는 것 같다.

내가 처음으로 만난 여우원숭이는 암놈이었는데 나를 물려고 했다. 그래도 싼 것이 감히 내가 만지려고 했기 때문이다. 여우원숭이가 보기에 인간이란 존재는 자기를 내세울 만한 것이 하나도 없으니 반기지 않는 것이 당연하다. 이 여우원숭이는 마다가스카르 수도인 안타나나리보 외곽의 야생동물 보호구역에 살았다. 새끼가 한 마리 있었는데, 원숭이처럼 어미의 가슴에 매달리는 대신 전설적인 기수(騎手)였던 레스터 피것(Lester Piggott)의 미니 버전처럼 어미 등에 올라타 있었다. 그 여우원숭이의 눈은 크고 노란색이었다. 소설가 윌리엄 S. 버로스(William S. Burroughs)는 여우원숭이를 주인공으로 하는 초현실 생태주의적 중편 소설 《기회의 유령(Ghost of Chance)》에서 여우원숭이의 눈이 '빛에 따라 흑요석, 에메랄드, 루비, 오팔, 자수정, 다이아몬드'로 변한다고 묘사했다. 이 인드리여우원숭이의 말똥말똥한 얼굴은 나이트클럽에서 술에 취해 어디 제 얘기를 들어줄 사람이 없나 찾아다니는 절박한 젊은이를 닮았지만, 털만큼은 내가 지금까지 만져본 것 중에서 가장 부드러웠다. 당시 나는 어렸고, 현존하는 여우원숭이 중에서도 가장 큰 종인 이 인드리여우원숭이는 뒷발로 일어서면 내 갈비뼈까지 올라왔다. 이 암여우원숭이는, 모든 여우원숭이가 그렇기는 하지만, 원숭이, 고양이, 쥐, 그리고 인간의 잡종처럼 보였다.

여우원숭이한테는 은둔자나 백만장자들이 갖고 있을 법한 기이한 구석이 있다. 마다가스카르섬에서 따로 진화해오면서 독특한 습성이 발달한 탓이다. 수컷 호랑꼬리여우원숭이는 손목에 냄새샘이 있고 소위 '악취 싸움'이라는 걸 한다.

서로 60센티미터 정도 떨어져 서서 꼬리에 손을 문질러 냄새를 묻힌 다음 상대를 향해 꼬리를 흔드는데, 한쪽이 물러날 때까지 공격적인 시선을 거두지 않는다. 현대의 외교 방식만큼이나 괴상하기 짝이 없다. 공격적인 상태에서 암컷 호랑꼬리여우원숭이가 수컷의 뺨을 갈기는 것이 드문 일은 아니다.

마다가스카르에는 최소 101가지 종과 아종의 여우원숭이가 살고 있다. 한때는 작은 사람만큼 큰 여우원숭이도 있었다지만 2000년 전 이 섬에 인간이 도착한 이후로 큰 종들은 사냥으로 모조리 멸종했다. 반대로 베르트부인쥐여우원숭이(Madame Berthe's mouse lemur)는 세상에서 가장 작은 영장류로 평균 몸무게가 30그램이고 몸을 펼쳐도 사람 손바닥을 다 채우지 못한다. 그 중간에 북부큰쥐여우원숭이(northern giant mouse lemur)가 있는데 고환이 몸 전체 질량의 5.5퍼센트나 된다는 특징이 있다. 사람으로 따지면 고환 크기가 자몽만 하다고 보면 된다. 그러니 이상하고 또 아름답고, 아래에서 올려다보면 가끔 당황스럽기도 하다.

그 인드리여우원숭이에게는 인간인 나에게 덤벼들 자격이 있었다. 여우원숭이 자신이 생각한 것보다 더. 이 섬에 초기 인류가 도착하면서 적어도 15종의 여우원숭이가 절멸했다. 현재는 대체로 산림 파괴가 원인이 되어 24종이 절멸 위급, 49종은 위기 상태이며 전체 종의 94퍼센트가 위협받고 있다. 비교적 최근까지도 이 지역에서 여우원숭이를 사냥하는 것은 강한 금기였다. 시골 사람들은 전통적으로 여우원숭이 고기를 먹는 것을 인육을 먹는 것만큼이나 끔찍하게 여겼다. 인간의 조상이 마다가스카르 우림에서 길을 잃고 헤매다가 살아남기 위해 여우원숭이로 변했다는 전설도 전해 온다. 높은 나무에서 떨어져 죽을 뻔한 남성을 인드리여우원숭이가 받아서 땅에 세워놓았다는 이야기도 있다. 그러나 이 오랜 금기가 궁핍과 절망으로 인해 훼손되기 시작했다. 시골 가정에서 여우원숭이를 잡아먹는 집들은 대부분 아이들이 극심한 영양실조 상태다. 많은 경우 생물종 보전 활동은 지역 아동의 영양을 지원하고, 그 부수적인 효과로 멸종 위기종을 사냥할 필요를 없애는 것에서 시작한다.

금기의 신화는 여우원숭이를 구하지 못했다. 더구나 인간이 어떤 생물이나 물건에 신비한 힘을 부여할 때는 대개 그것을 죽이는 결말로 끝이 난다. 어떤 지역에서는 아이아이원숭이(aye-aye lemur)가 죽음을 예언한다고 믿었다. 눈이 크고 귀가 예민하며 특히 가운뎃손가락이 다른 손가락보다 두 배나 긴데, 이 손가락이 가리키는 사람에게는 저주가 내린다는 것이다. 그 손가락으로 사람의 심장에 구멍을 낸다는 낭설까지 돌았다. 그러니 사랑을 받을 리가 없다. 아이아이원숭이는 너무 집요하게 사냥을 당한 나머지 멸종된 줄 알았다가 1961년에 재발견되었다. 여우원숭이라는 뜻의 'lemur'는 라틴어로 '유령'이라는 뜻의 'lemures'에서 왔다. 실제 많은 아종이 유령이 될 처지다. 앞으로 100년 뒤 아마도 이 영장류는 박물관의 먼지 쌓인 사진과 박제된 표본으로만 존재할 것이다.

사실 여우원숭이에 대한 가장 놀라운 점은 이 동물이 지금껏 살아남았다는 사실 자체다. 마다가스카르는 초대륙 곤드와나의 일부였다가 1억 800만 년 전에 일부가 떨어져 나와 아프리카 대륙의 동쪽으로 표류하기 시작했다. 하지만 여우원숭이로 보이는 최초의 화석은 아프리카 대륙 본토에서 발견되었으며 6200만 년 전에서 6500만 년 전 사이의 것으로 추정된다. 그렇다면 여우원숭이는 어떻게 마다가스카르까지 갔을까? 섬과 섬을 징검다리처럼 건넜다거나 섬 사이의 육교를 이용했다는 등 많은 가설이 있지만 가장 유력한 이론은 여우원숭이가 바다를 떠다니던 식생을 뗏목 삼아 타고 갔다는 것이다. 하지만 그 이후로도 섬은 계속해서 이동했기 때문에 대륙의 본토에서는 1700만 년에서 2300만 년 전 사이에 원숭이가 진화해 우월한 적응력과 공격성으로 여우원숭이를 박멸했어도 그 무렵 마다가스카르섬은 이미 원숭이가 닿을 수 없는 안전한 거리까지 멀리 떨어져 있었다.

지금껏 나는 많은 것을 보고 사랑에 빠졌지만, 여우원숭이가 (인간이 도착할 때까지는) 안전했던 땅을 찾아 뗏목을 타고 대양을 가로지르는 모습처럼 멋진 장면을 살아생전 보지는 못할 것 같다.

The Hermit Crab
소라게

어밀리아 에어하트(Amelia Earhart)를 먹어 치운 것은 소라게였을 것이다. 1937년, 에어하트가 몰던 비행기가 상공에서 사라지고 닷새가 지난 밤, 미 해군은 서태평양 무인도 니쿠마로로섬에서 조난 신호를 포착했다. 일주일 뒤 구조팀이 섬에 당도했을 때 - 비행기를 배에 실어야 했기 때문에 오래 걸렸다 - 그곳에는 아무도 없었다. 대신 조사팀은 섬에서 에어하트의 체격과 일치하는 인간의 뼈를 발견했다. 그리고 깨진 콤팩트 거울 조각과 립스틱 파편, 주근깨 제거 크림 - 에어하트는 자기 얼굴의 주근깨를 싫어했다 - 도 찾아냈다. 하지만 수거된 뼈는 분석을 위해 운송되는 중에 소실되었다. 뼈가 발견되지 않으면 그것이 사자의 얼굴을 한 용맹하고 맹렬한 여류 비행사의 것인지 끝내 알 수 없을 것이다. 그건 그렇고, 당시 섬에서 발견된 뼈는 열세 개뿐이었다. 사람의 몸에는 뼈가 모두 206개쯤 있다. 그 뼈가 에어하트의 것이었다면 나머지 193개는 어디로 간 걸까?

아마도 으스러져서 산산조각이 났을 것이다. 니쿠마로로섬은 야자집게 군락의 본거지다. 야자집게는 세상에서 가장 큰 육지 게인데 코코넛을 여는 재주 때문에 그런 이름이 붙었다. 열매에 뚫린 세 개의 구멍 중 하나에 집게발을 밀어 넣고 힘껏 비틀어서 벌린다. 수명이 긴 놈들은 백 살도 넘게 살고, 최대 너비가 1미터까지 자란다. 욕조에 들어가지 못할 정도로 커서 악몽을 일으키기에 딱 적당하다. 2007년에 연구자들이 에어하트 가설을 시험했다. 작은 돼지의 사체를 니쿠마로로섬의 야자집게들에게 내어주고 이들이 에어하트의 시신, 어쩌면 숨이 꺼져가는 육신에 했을 법한 일들을 보았다. 야자집게는 놀라운 후각의 힘으로 이내 돼지를 찾아냈고, 갈가리 찢어서 먹어 치운 다음 뼈는 들고 가서 나무 뿌리 밑에 파놓은 굴속에 묻었다. 야자집게의 힘은 가공할 만하다. 집게를 오므릴 때면 3,300뉴턴의 힘을 발휘하는데 호랑이가 무는 힘인 1,500뉴턴보다 두 배가 더 세다. 다윈이 야자집게를 보고 '괴물 같다'라고 한 것은 칭찬의 의미였다.

그러나 아무리 무시무시한 괴물이라도 시작은 미미하다. 육지에 사는 소라게도 있고 바다에 사는 소라게도 있지만 모두 처음에는 물속에서 작디작은 크기로 출발한다. 바다로 방출된 알이 부화하면 볼품없는 유생이 된다(어떤 유충이 볼

품이 있을까마는). 그러나 고작 몇 개월 만에 크게 생장하여 그때부터 누군가 쓰다 버린 작은 껍데기에 들어가 거주하기 시작한다. 몸이 커지면서 이 껍데기에서 저 껍데기로 이사 다니는데, 섬세한 소용돌이가 일품인 바다달팽이의 껍데기가 주로 애용된다. 다른 껍데기로 이동할 때는 배 끄트머리에 달린 걸쇠로 껍데기의 축주를 붙잡고 들어간다. 소라게가 탈피하여 외골격을 벗어버릴 때면 소라게 모양의 반투명한 껍데기가 유령처럼 둥둥 떠다닌다. 야자집게는 마침내 몸에 맞는 껍데기를 찾지 못할 만큼 크게 자라 땅 위에서 껍데기 없이 살기 시작하지만, 1,100여 종이나 되는 소라게 대부분이 평생 남의 집을 빌려서 살아간다.

소라게는 영어로 은둔자 게(hermit crab)라고 불리지만 전혀 은둔하는 타입이 아니다. 사회성이 좋고 취침 시간이 되면 서로 몸을 타고 올라가 커다란 탑을 쌓고 잔다. 소라게의 집단행동에는 대단히 복잡한 질서가 있어서 그 앞에서는 르네상스 시대 왕실의 정치 상황도 단순해 보일 정도다. 소라게가 새로운 껍데기를 만나게 되면 일단 그 안에 들어가서 크기가 맞는지 확인한다. 껍데기의 품질은 뛰어나지만 크기가 너무 커서 사용하지 못할 것 같으면 다른 소라게가 올 때까지 근처에서 대기한다. 두 번째 소라게가 와서 보고 새 껍질로 이사하면 첫 번째 소라게는 그 소라게가 남긴 껍데기에 들어간다. 하지만 그 껍데기가 두 번째 소라게에게도 너무 크면 첫 번째 소라게의 대기열에 합류하여 서로 집게발을 붙잡고 줄을 선다. 그 줄이 많게는 스무 마리까지 이어지며 몸집이 작은 놈에서 큰 놈 순서로 열을 서고 각자 옆 소라게를 붙잡는다. 마침내 빈 껍데기에 꼭 맞는 소라게가 나타나 새집으로 이사 가면, 대기 줄의 첫 번째 타자가 새 껍데기를 차지한 소라게가 쓰던 껍데기에 들어가고, 다음 소라게가 옆의 빈 껍데기에 들어가는 연쇄 반응이 일어난다. 소라게의 배는 부드럽고 외부에 노출되면 위험하기 때문에 이 단체 이사는 눈 깜짝할 사이에 일사불란하게 일어난다.

소라게는 적당한 집을 물색하러 다닐 뿐 아니라 일부는 직접 꾸미기도 한다. 굵은눈왼손집게는 영어식 일반명이 말미잘집게(anemone hermit crab)인데, 바다 밑에서 말미잘을 퍼내어 제 껍데기에 붙이고 다니기 때문에 붙은 이름이다. 말미잘의 쏘는 촉수 덕분에 포식성 문어의 공격을 피하고 보호받을 수 있다. 공생의 대가로 말미잘은 소라게가 먹고 남은 음식 찌꺼기를 먹는다. 이사 철이 오면 집주인은 힘들어도 끈질기게 말미잘을 떼어내서 새집에 다시 고정시킨다.

캐리비안뭍집게(caribbean hermit crab)와 에콰도르소라게 (ecuadorian hermit crab)는 크기가 작고 눈자루 모양이 신기 하며 성질이 순해서 쉽게 키울 수 있기 때문에 반려동물로 인기가 있다. 종종 판매자가 껍데기를 밝은색 페인트로 색칠하는데, 그러면 소라게는 서서히 중독되어 죽는다. 소라 게가 숨을 쉬려면 습도가 높아야 하는데 많은 것들이 수조 안에 갇혀 질식해서 죽는다. 해변에서도 소라게는 플라스틱에 갇혀서 죽는다. 바다라고 안전한 것은 아니다. 어떤 종은 수심 2,000미터가 넘는 깊이에서 생활하지만, 그곳도 인간이 버린 쓰레기로 오염된다. 야자집게가 멸종 위기에 처한 가장 큰 이유는 그 살에 최음 효과가 있다는 근거 없는 믿음 때문이다. 호랑이 발톱이나 코뿔소 뿔도 마찬가지지만 이런 믿음은 생태계 전체를 파국으로 몰고 가는 어리석은 인간의 허점을 드러낸다. (사실 천연 최음제 - 비의학적 성적 자극제 - 라고 알려진 것들의 효능은 없다. 역사적으로 최음 효과가 있다고 믿어진 것들은 첫째, 희귀하고 이국적이고 새롭고 비싸거나, 둘째, 양념을 많이 넣고 요리해 신진대사를 높이고 몸에서 열이 나게 하거나, 셋째, 남녀의 생식기를 닮았거나, 넷째, 실제로 암수의 생식기 부위 또는 알에 해당하는 것들이다. 예를 들어 정력에 좋다는 굴은 대부분 물, 단백질, 염분, 아연, 철분, 소량의 칼슘과 포타슘으로 구성되어서 실제로는 소금물에 담근 비타민제에 불과하다. 별도의 최음

성분이 없는 생물이지만 생김이 외설적이라서 오해를 받고 있다. 과거에 초콜릿, 아스파라거스, 당근, 꿀, 쐐기풀, 겨자, 참새가 말도 안 되는 성적 효능을 부여받은 전력이 있다. 13세기 독일의 성인 알베르투스 마그누스(Albertus Magnus)는 오소리의 살점을 갈아서 음식 위에 뿌려 먹으면 즉시 성욕이 솟는다고 믿었다. 셰익스피어에게 감자는 희귀하고 이국적인 식품이었으며, 대중적으로도 감자에 최음 성분이 있다고 알려졌다. 셰익스피어의 희곡《윈저의 즐거운 아낙네들》에서 폴스타프는 이렇게 말한다. '하늘이여, 감자를 비처럼 뿌려다오. 천둥이여, 〈그린슬리브즈〉(바람둥이 여인에 대한 민요 - 옮긴이)의 곡조를 울려라. 입맞춤용 사탕의 우박과 에링고(최음제로 사용된 미나릿과 식물 - 옮긴이)의 폭설을 내려라. 도발의 폭풍이 몰아치게 하라.' 차라리 감자로 돌아갈 수 있다면, 아니면 멸종 위기종의 보전에 큰 도움이 되었던 비아그라 약물로 대신한다면 소중한 생물을 얼마나 많이 구하게 될까.)

대부분의 소라게는 비대칭이다. 다리가 모두 열 개인데 왼쪽 앞발은 방어용으로 크기가 커졌고, 오른쪽 앞발은 먹이를 퍼낼 때 쓰느라 작다. 소라게는 식성이 까다롭지 않아서 해조류, 식물, 죽은 동족까지 가리지 않고 먹는다. 또한 껍데기 깊숙이 들어간 몸의 뒷부분은 헬터 스켈터(Helter Skelter. 나선형 미끄럼틀 - 옮긴이)처럼 꼬여 있다. 소라게에게는 어딘가 삐딱한 아름다움이 있다. 장식말미잘집게(jewelled anemone crab)의 눈은 충격적인 에메랄드빛이며 이발소 회전 간판의 빨강-하양 줄무늬 같은 눈자루에 달려 있다. 잿빛 바다색 또는 왕실의 자주색일 때도 있다. 큰점박이소라게(giant spotted hermit crab)는 주황색 바탕에 까만 테두리를 두른 흰색 점이 있다. 노랑털보소라게(hairy yellow crab)는 노란색과 크림색의 줄무늬가 있고, 다리에 털이 풍성하며 눈은 푸른 눈자루에 달렸다. 자세히 보면 야자집게도 아름답다. 어떤 개체는 관절 부위가 옥색이고, 어떤 개체는 진한 갈색에 등이 번트 오렌지색이다. 공포스러운 분위기에서도 유행은 존재하는 법이다.

피치 못할 상황이라면 소라게는 어떤 것이든 제집으로 삼는다. 깡통도, 반쪽짜리 코코넛 껍질도 마다하지 않는다. 뿔조개집겟과(pylochelidae)의 종들은 소라껍데기가 아니라 해면, 바위, 유목(流木), 대나무 조각에도 집을 짓는다. 점점 암울해지는 시대에 생활력 강한 것들이 존경스럽다. 저 생물의 고집스러움이 좋다. 죽은 자의 껍데기로 삶을 꾸리고 세상이 혼돈 속에 남긴 잔해로 집을 짓는 불굴의 의지가 좋다.

The Seal
바다표범

미국 메인주의 어느 물가를 걸을 때면 바다표범한테서 추파를 받을 때가 있다. 걸쭉한 메인주 억양으로 "이리 와 봐!"라고 부른다. 바다표범의 이름은 후버였다. 1970년대에 조지 스왈로우(George Swallow)라는 바닷가재 어부가 부모 잃은 어린 후버를 데려다가 키웠다. 이 바다표범이 그에게서 말하는 법을 배웠다. "뭐 하고 있소?" "어이, 이봐 거기!" 스왈로우는 어려서부터 후버에게 꾸준히 말을 걸고 그의 이름을 부르며 애지중지했다. 생선을 진공청소기처럼 빨아올린다고 해서 이름이 후버(Hoover)가 된 이 바다표범은 아침이면 들이닥쳐서 스왈로우의 얼굴에 '키스'를 퍼부었다. 후버가 먹어 치우는 생선값을 감당할 수 없게 되자 스왈로우는 어쩔 수 없이 후버를 아쿠아리움에 기증했다. 스왈로우는 수족관 직원에게 후버가 말을 한다고 알려주었지만 의심 가득한 얼굴들 앞에서 후버는 아무 말도 하지 않았고, 새로운 환경에 놀라 몇 년간 입을 다물었다. 그러나 마침내 다시 말을 시작하여 남은 평생 멈추지 않았다. 억지로 말을 시킬 수는

살아있네, 황금두더지
———
076

없었지만 후두에서 나오는 목소리로 "이봐, 이봐 이리 좀 와봐"라고 말하는 것을 용케 녹음한 적이 있다. 알고 보니 바다표범한테는 놀라운 언어 습득력이 있었다. 스코틀랜드의 세인트 앤드루스 대학교 과학자들은 연구하던 바다표범에게 '반짝반짝 작은 별'을 가르쳤다.

사람의 말을 하지 못하는 동물이라도 울음소리는 사람처럼 들릴 수 있다. 1851년에 출간된 《모비 딕》에서 항해 중인 선원들은 '이승의 존재가 아닌 소리로 하도 구슬프게 울어대는 바람에' 오싹해지곤 했다. '선원 가운데 기독교인이나 교양 있는 자들은 그것이 인어의 소리라고 하면 질색했다… 그러나 선원 중에서 가장 나이가 많은 그레이 맨크스맨은 그 소름 끼치는 소리가 바다에 빠져 죽은 지 얼마 안 되는 혼령의 목소리라고 주장했다.' 에이허브 선장만이 '그럼 수수께끼의 정체가 밝혀졌군'이라며 공허하게 웃었다.

어미 잃은 어린 바다표범이나 새끼 잃은 어미 바다표범은 배 가까이 쫓아오면서 사람처럼 울고 흐느꼈다. 누군가에게는 이 소리가 더욱 심금을 울렸다. 선원 대부분이 바다표범의 미신을 믿은 탓도 있지만, 고통 속에 부르짖는 소리도 유별났고 무엇보다 사람을 닮은 둥근 머리를 물 위로 쑥 내밀고는 똑똑한 얼굴로 빤히 쳐다보았기 때문이다.

에이허브 선장은 '바다에 있다 보면 특별한 상황에서 바다표범이 종종 사람으로 오인될 때가 있다'라고 말했다.

후버는 전 세계 33종의 바다표범 중에서 가장 흔한 점박이물범이다. 공식적으로는 기각류(pinniped)라고 부르는데, 라틴어로 'pinna'는 지느러미, 'pes'는 발이라는 뜻이다. 대다수가 북극이나 남극 바다에 살고 있다. 같은 바다표범과인 하프물범의 경우 성체는 회색, 점박이, 또는 은색인데, 구정물을 고상하게 부를 때 쓰는 '은색'이 아니라 진짜로 광택이 있는 은색이다. 하프물범의 새끼는 얼음 위에서 태어나고 갓 태어났을 때는 온몸이 야단스러운 노란색 양수로 얼룩덜룩하지만, 일단 깨끗이 씻고 나면 처음 털갈이를 할 때까지는 새하얀 색이다. 하프물범의 눈은 둥글고 검다. 인간이었다면 할리우드를 통째로 들었다 놨다 했을 것이다. 바다표범 어미는 대체로 모성이 강해서 조심성이 많고 용맹하며 새끼와 함께 있을 때 길을 가로막으면 달려들어 문다. 그러나 하프물범의 육아 활동은 점차 시간과의 싸움이 되고 있다. 새끼를 낳자마자 카운트다운이 시작되어 얼음이 녹기 전에 젖을 떼고 수영을 가르쳐야 하기 때문이다. 그런 이유로 어미의 젖은 마요네즈 점도에 50퍼센트가 지방이다(시판하는 가장 진한 아이스크림이 15퍼센트, 사람의 젖은 4퍼센트다). 이 젖을 먹고 새끼는 며칠 사이에 몸무게가 두 배로 늘어난다. 그런 다음 어미는 새끼를 데리고 물에 들어가는데, 처음에는 자기 배를 구명대처럼 사용해 새끼를 안심시킨다. 겁에 질린 새끼가 격하게 몸부림치며 가는 비명을 지르다가 스스로 헤엄치기 시작하는 데는 몇 분이면 충분하다. 그러나 얼음의 호흡과 흐름을 방해하는 기후 변화가 하프물범 새끼의 생존을 더 어렵게 만들었다. 지난 30년 동안 지구는 북극의 해빙을 10년마다 13퍼센트 이상 잃었다. 얼음은 태양의 열기를 반사하여 기후를 안정화시키지만, 바닷물은 열기를 흡수한다. 2017년 세인트로렌스만에서는 얼음이 너무 일찍 깨지는 바람에 군락의 하프물범 새끼가 하룻밤 사이에 떼로 익사했다. 정성 들여 낳고 기른 생명이 일순간에 몰살된 것이다. 얼음이 녹으면 바다표범 군집이 갈 곳이 더 줄어든다. 피난처가 깎여져 나가기 때문이다.

바다표범과 동물의 기이함은 아름다움을 능가한다. 예를 들어 두건물범(hooded seal)은 자기 짝을 넘보는 경쟁자가 나타나면 비강에 바람을 넣어 코에서 축구공만 한 육질의 빨간 풍선을 불어낸다. 세계에서 가장 무거운 식육목인 코끼리물범은 몸무게가 화물트럭 한 대와 맞먹는 4,000킬로그램이나 나간다. 해변이나 만에서는 육중한 몸으로 점잔을 빼지만, 물속에서는 운동선수의 자신감과 명쾌함이 넘쳐 흐른다. 물속에서 숨을 쉬는 바다표범은 없지만 코끼리물범은 수심 2,000미터 이상 잠수할 수 있고, 산소를 저장하는 근육의 미오글로빈 단백질 수치가 높아서 숨을 두 시간이나 참을 수 있다. 어떤 바다표범은 메소드 배우가 될 외모를 타고났다. 턱수염바다물범은 암수 모두 회색 바탕에 하얀 수염이 풍성해서 물에 젖었을 때는 정치계의 원로처럼, 수염이 말라서 위로 구부려 올라가면 중세 시대의 난봉꾼 기사처럼 보인다. 추상파 화가의 부러움을 사는 바다표범도 있다. 띠무늬물범은 두꺼운 흰색 띠가 원과 선의 기하학무늬를 그리고 있어서 러시아 화가 말레비치의 그림이 걸어 다니는 것 같다. 지중해몽크물범의 새끼는 몸 전체가 새까맣지만 유독 배에는 화가가 큰 붓에 흰색 물감을 묻혀 쓱 그은 듯한 얼룩이 있다. 지중해몽크물범이 얼마나 더 살아남을지는 알 수 없다. 현재 전 세계에 살아남은 개체가 수백 마리에 불과하다.

얼굴에 경계가 가득하고 연민을 자아내면서도 장난기가 넘치는 표정이라 이들이 무엇을 알고 알지 못하며, 무엇을 할 수 있고 할 수 없는지 도무지 판단할 수 없다. 초기 북유럽의 한 영웅담이 바다표범의 그런 양면성을 잘 드러냈다. 13세기 《락스다엘라 전설(Laxdæla Saga)》에서 전사 포로드르가 배에 짐을 잔뜩 싣고 새로운 땅을 개척하러 가는 길에 유난히 큰 바다표범 한 마리가 배 가까이에서 수영하는 것을 보았다. '하도 배 주위를 맴돌기에 눈여겨보았더니 앞지느러미가 유달리 길었고 특히 눈매가 영락없는 인간인지라 배에 탄 사람들이 모두 깜짝 놀랐다.' 전사들이 나서서 때려죽이려고 했으나 바다표범은 용케 피했다. 얼마 후 '큰 폭풍이 불어 배가 뒤집어지고 말았다. 한 사람을 제외한 나머지가 모두 물에 빠져 죽었다.' 그 바다표범은 죽음을 불러온 것일까, 예견한 것일까.

가장 난해하고 섬뜩한 존재는 스코틀랜드 신화에 나오는 셀키(selkie)이다. 셀키는 인간이든 바다표범이든 자유자재로 변신할 수 있는 존재로 해양 구비 설화에 자주 등장한다. 스코틀랜드의 오크니와 셰틀랜드에서부터 아일랜드와 페로 제도까지 널리 전해지는 흔한 이야기에서 어느 셀키가 해변에 바다표범 가죽을 벗어놓고 벌거벗은 채 육지로 올라갔다. 아름다운 나신에 홀린 한 인간 남자가 그 가죽을 훔치고 그녀를 아내로 삼았다. 두 사람에게서 아이들이 태어났으나 셀키는 늘 바다를 그리워하며 울었다. 그리고 결국 남편이 숨겨둔 가죽을 찾자 그 길로 자식을 버리고 물속으로 도망간다. 반대의 이야기도 있다. 셰틀랜드제도의 셀키가 육지 남성을 유혹해 파도 속으로 끌고 들어갔고, 그는 다시는 땅을 밟지 못했다. 남자로 변신한 셀키는 몸매가 매우 아름답고, 여자로 변신한 셀키는 미모가 뛰어나다. 그들에게는 바다의 힘이 있어서 누구도 저항할 수 없다. 〈슐레 스케리의 회색 셀키(The Grey Selkie of Sule Skerry)〉라는 제목의 발라드에서는 아이의 행방불명된 아비를 찾아다니던 한 여인이 바닷가에 도달하자 거품이 일며 바다표범이 올라와 자기가 그 아비라 주장한다.

나는 육지에서는 사람,
바다에서는 셀키이다.
바다에서 멀리 떨어졌을 때
내 집은 슐레 스케리에 있다.

한번은 노퍽의 스티프키 가까운 북해에서 수영을 즐기는데 점박이물범 한 떼가 물 위로 올라왔다. 우리를 보고도 물러서지 않았고 몇몇은 다가오기까지 했다. 얼음장처럼 차가운 물 속, 변함없이 아름다운 잿빛 하늘 아래에서 나는 성전에 있는 기분이 들었다. 이 동물과 함께 있으면서 나는 왜 인간이 그들을 노래하고, 알고, 신중한 존재로 생각하게 되었는지 이해할 수 있었다.

The Bear
곰

르네상스 시인 존 던(John Donne)에게는 곰에 관한 가설이
있었다. 새끼 곰은 물컹한 살덩어리로 태어나지만 어미가
물고 핥아서 모양을 만들어준다고 믿은 것이다. 그 발상은
로마 시대 대플리니우스의 《박물지(Historia Naturalis)》에서
비롯한다.

… 처음에 그들은 아무 형태도 없는 흰색 살덩어리에 불과
하다. 쥐보다 조금 더 크고, 눈이 없고, 털도 나지 않았다. 발
톱만 조금 앞으로 튀어나왔을 뿐이다. 이 미가공 덩어리를
어미가 핥아서 조금씩 형체를 갖추어준다. 세상에 어미 곰
이 새끼를 낳는 장면보다 진귀한 광경은 없을 것이다.

그 이미지가 던의 작품에 여러 차례 나타난다. 가장 기억에
남는 것은 경고다. 사랑의 열정에 휩싸여 서로를 집어삼키
면 안 된다는 경고.

사랑은 새끼 곰처럼 태어난다. 그 사랑을 지나치게 핥아서
억지로 낯설게 바꾸려 든다면
그 실수로 인하여 덩어리는 괴물이 될 것이다.

이 이미지를 사랑한 것이 던만은 아니었다. 극작가 조지 채프먼(George Chapman)도 한창 진행 중인 나쁜 생각을 묘사할 때 이 은유를 사용했다. '글쎄, 난 아직 그가 자기 새끼 곰을 다 핥지 못한 것 같네만.' 셰익스피어는《헨리 6세》제3부에서 같은 이미지를 사용했다. 글로스터는 '혼돈 또는 어미가 아직 핥지 않은 곰 새끼 같았다'라고 말한다. 이 가설을 무참히 파괴하여 흥을 깬 것은 17세기 박식가 토머스 브라운(Thomas Browne)이었다. 그는《일상의 흔한 오류들(Pseudodoxia Epidemica)》에서 이렇게 말한다. '곰이 새끼를 무정형의 상태로 낳은 다음, 혀로 핥아서 모양을 만든다는 것은 널리 알려진 상식이지만 사실은 작가들 사이에서 오랫동안 전해오던 속설이다.' 브라운은 이 미신을 다음과 같이 합리적으로 설명했다.

이제 그 발상은 감각과 이성, 양쪽 모두에 거부감을 주고 있지만 아마도 최소한의 근거는 있었던 것 같다. 새끼는 형태를 가리는 두껍고 질긴 융모막에 감싸진 채로 태어나 어미

가 입으로 막을 물어뜯어야 그 안에서 나온다. 이것을 처음 본 사람이 무정형의 살덩어리라고 착각했고, 어미가 입으로 핥아 모양을 만들어주었다고 생각하게 되었을 것이다.

1902년에 최초의 테디 베어가 탄생하기 한참 전부터 사람들은 이 거구의 아름다움과 이빨에 푹 빠져서 곰을 가까이 두고 싶어 했다. 1251년에 영국의 헨리 3세는 노르웨이 국왕으로부터 '흰곰'을 선사받았다. 이 북극곰은 런던탑에 갇혀 있으면서 가끔씩 템즈강에 가서 물고기를 잡는 것이 허락되었다. 1609년에 영국인 토마스 웰든(Thomas Welden)은 북극에 탐험을 떠났다가 우연히 '어미 곰과 새끼 곰 두 마리를 만났는데, 어미는 총으로 쏴서 죽이고 새끼는 영국으로 데려와 패리스 가든에서 키웠다.' 당대 훌륭한 배우였던 에드워드 알레인(Edward Alleyn)이 왕실 곰 관리사의 직책을 함께 맡아 곰들을 돌보았다. 1611년 새해 첫날, 극작가 벤 존슨(Ben Jonson)의 〈오베론의 가면극(The Masque of Oberon)〉이 왕 앞에서 공연되었다. 16세의 헨리 왕자가 핏기 없는 얼굴에 화려한 옷차림으로 화이트 홀의 무대로 들어서는데, 이때 북극곰 새끼 두 마리가 그가 탄 전차를 몰았다. 바이런 경만큼 곰과 가까이 지낸 사람도 없을 것이다. 그는 트리니티 대학교에서 실내에 개를 데리고 들어가지 못하게 막는 학칙을 만든 것에 분개하여 곰을 사버렸다. 바이런은 1807년 친구에게 보낸 서신에서 이렇게 썼다. '새로운 친구를 사귀었네. 세상에서 가장 좋은 친구지. 길들인 곰이야. 다들 뭣 하러 곰을 여기까지 데려왔냐고 물었지. 나는 이렇게 대답했다네. "교수직에 지원하게 하려고."'

곰은 놀랄 거리가 풍부한 종이다. 코디악곰은 생장의 영재로서 갓 태어난 새끼 곰은 가벼운 빵 덩어리 정도인 500그램에 불과하지만 결국 680킬로그램도 넘게 자란다. 인간이 같은 속도로 자란다면 성인은 코뿔소 정도의 몸무게가 되어야 한다. 곰의 후각은 인간보다 100배는 더 뛰어나다. 북극곰은 30킬로미터 밖에서도 냄새로 사람의 존재를 알 수 있다. 또한 쉬지 않고 160킬로미터를 헤엄친다. 영국에서 프랑스까지 다섯 번을 가는 거리다. 동면하는 종들이 구현하는 느림의 미학은 100일 이상 먹지도, 마시지도, 소변을 보지 않을 정도로 강력하다. 심장 박동은 1분당 40번에서 8번으로 느려져서 45초마다 한 번씩 숨을 쉰다. 더 놀라운 사실을 알려줄까. 이들의 몸은 완벽한 재활용 공장이 되어 요소를 도로 단백질로 바꾸며, 항문에는 깔끔한 마개가 형성되는데, 동굴에서 실수로 배설하는 일이 없게 하려 함이다.

기원이 슬프고도 아름다운 곰은 판다이다. 중국과 티베트에서 아이들에게 들려주는 판다 이야기가 있다. 옛날 옛적 한 양치기 아가씨가 있었는데, 그가 양을 돌보는 곳으로 매일 새끼 판다 한 마리가 놀러왔다. 그 시절에는 모든 판다가 새하얀 색이었던지라 그래서 아마 그 판다는 양이 자기와 같은 부류인 줄 알았던 모양이다. 어느 날 새끼 판다가 서투르게 뜀박질하며 양들과 놀고 있는데 표범이 나타났다. 양치기 아가씨는 판다를 구하기 위해 뛰어들었고 목숨을 잃었다. 양치기 아가씨의 장례식에 슬픔에 젖은 판다 가족이 찾아왔다. 그곳에서는 팔에 검은 재를 두르는 것이 고인의 명복을 비는 관례였다. 장례식이 시작되자 판다들은 슬피 울었고 팔로 눈물을 훔치다 보니 눈 주위가 검게 물들었다. 통곡 소리가 커지면서 판다들은 제 울음소리를 듣지 않으려고 귀를 막았고 그렇게 귀마저 검게 물들었다. 검은 재는 닦아도 씻기지 않았고, 그렇게 그들은 영원히 애정과 슬픔의 징표를 남기게 되었다. 용기를 기리는 영원한 서약의 표징이었다.

인간은 정복감을 느끼기 위해 곰을 동원했다. 엘리자베스 1세 시대 영국에는 강을 따라 사창가 – 어떤 곳은 해자와 깃발이 있을 정도로 컸고, 훨씬 작은 곳도 있었다 – 를 비롯해

극장, 땅콩 가게와 술집 등과 함께 베어 피트(bear pit)가 있었다. 경기장 한복판에 말뚝을 박고 곰 한 마리를 다리나 목에 사슬로 묶어 놓은 다음 사나운 개들을 풀어놓고 싸우게 하는 곳이었다. 여왕의 신하 중 하나가 유난히 그 구경에 열을 올렸다. "이렇게 재밌는 스포츠가 또 있을까… 곰이 눈깔에 핏대를 세운 채 자기에게 다가오는 적들을 잡아 찢고… 물어뜯고, 할퀴고, 으르렁거리고, 내동댕이치고, 뒤엉켜 굴렀지. 그러다가 잠시 여유가 생기면… 귀를 두어 번 흔들어 얼굴에 묻은 피와 점액을 털어낸다오." 곰이 죽는 일은 없었다. 한 번의 싸움으로 죽이기엔 값이 많이 나갔기 때문이다. 피가 터지게 싸우게 하다가 죽기 직전에 끌어내고는 다음 날에 또 내보냈다. '테임의 해리' '샘슨' 그리고 암컷인 '보스'까지 런던 시민 모두가 이 곰들을 알았다. 그러나 죽음의 법칙에도 예외가 있었다. 북극곰 전차를 타기 1년 전에 헨리 왕자는 부모와 함께 런던탑에 가서 '곰 우리 가까이에 방치된 한 아이를 물어 죽인 크고 사나운 곰'을 보았다. 왕은 그 곰을 경기장에 보내 자기가 기르던 사자 떼와 겨루게 했지만, 사자들이 겁을 먹고 싸우려 들지 않았다. 대신 곰은 한 떼의 마스티프(투견, 호신견으로 사육하는 개의 품종 - 옮긴이)에게 넘겨져 처참하게 찢겼고, 죽은 아이의 엄마는 관람객에게 받은 입장료에서 20파운드를 받았다.

18세기에 들어서 곰은 인간이 지닌 전혀 다른 종류의 굶주림에 희생되었다. 아름다움에 대한 열망이랄까. 당시 곰의 기름은 샤넬 No.5, 비달 사순에 버금가는 고급 화장품이자 탈모제로 유행했고 상류층 가발에 칠해 광택을 주었다. 곰의 지방이라는 이름으로 팔린 것이 사실은 초록색으로 염색한 돼지기름이 대다수였지만 상인 중에는 가게 바깥에 철창을 설치하고 곰을 전시해 자신들이 진품을 취급한다는 걸 증명하는 이들도 있었다. 한 이발사는 지하실에 곰 40마리를 기르고 있다고 주장했다. 그 소음과 냄새 때문에 근처에 가는 것도 힘들었을 것이다.

아이들이 좋아할 만한 질문. 인간과 곰이 싸우면 누가 이길까요? 그건 상황에 따라 다르다. 전 세계적으로 해마다 곰이 사람을 공격한 사건이 약 40건씩 보고되는데, 그중에서 치명적인 것은 20퍼센트 미만이다. (TV가 떨어져서, 고장 난 잔디깎이에 의해, 자판기가 넘어지는 바람에 사망하는 사람의 수에 비하면 훨씬 적다.) 곰과의 대결이 무승부로 끝나는 경우도 있었다. 1883년 캔자스주 신문에 이런 기사가 실렸다.

> 미시간주 체보이건에서 13킬로미터 떨어진 한 숲에서 프랭크 데버로(Frank Devereaux)의 시신이 발견되었다. 정황상

곰과 싸우다가 죽은 것으로 보이는데 곰의 사체도 죽은 남성 근처에서 함께 발견된 것으로 미루어 양쪽 모두 싸움 중에 치명적인 상처를 입은 것으로 추정된다. 시체의 상처는 끔찍했고, 6미터 반경으로 주변이 온통 난장판이었다. 싸움이 몹시 치열했던 것 같다.

곰을 대처하는 전통적인 조언은 다음과 같다. 불곰이 공격하면 죽은 척하라. 흑곰이 공격하면 최대한 몸집을 크게 만들고 큰소리로 포효하라. 어느 쪽이든 절대 도망치면 안 된다. 사나운 짐승 앞에서 초인적인 정신력을 발휘하라는 뜻이다.

그러나 인간과 곰 사이의 (누구도 싸울 생각은 없지만 모두가 일조하는) 더 큰 전쟁에서는 단연 인간이 우세하다. 곰과에 속하는 총 8종의 곰 중에서 6종이 위협을 받거나 멸종 위기에 있다. 미국흑곰과 불곰은 그럭저럭 잘 지내고 있지만 반달가슴곰과 느림보곰, 안경곰, 말레이곰, 북극곰, 그리고 동작이 굼뜨고 어색한 대왕판다는 상황이 좋지 못하다. 느림보곰은 새끼 때부터 뜨겁게 달궈진 철판 위에서 발에 바세린을 바르고 춤을 추도록 고문당한다. 북극곰은 녹아내리는 해빙 위에 서 있다. 불법이든 합법이든 반달가슴곰과 말레이곰 수천 마리가 농장의 철창 안에 갇혀 쓸개즙을 채취당한다. 곰의 쓸개인 웅담은 담석을 녹이는 데(많은 민간요법과 달리 이것은 효능이 있다), 그리고 열을 내리거나 간을 청소하는 데 사용되며, 20억 달러짜리 무역 상품이다. 자기를 해치거나 죽일 수도 있는 동물이라면 그 동물을 긴급하게 보호할 필요가 마음에 와닿지 않을 수도 있다.

지금까지 곰이 등장하는 최고의 무대 연출은 셰익스피어의 희곡 《겨울 이야기》에서 '곰에 쫓기면서 퇴장한다' 부분이다. 무대에 정말로 곰이 있었을까? 그럴 리는 없다. 그저 무대 뒤에서 곰이 포효하는 소리를 들려주거나, 배우가 곰 분장을 하고 잠시 등장하고 말았을 것이다. 그러나 곰은 어딘가 가까이에서 우리 이야기를 듣고 있다. 인간이 이토록 거대하고 사납고 아름다운 짐승이 서서 포효하는 모습을 보려는 욕망으로 준비한 개들을 기다리며.

The Narwhal
외뿔고래

1584년, 침대에 누워 숨이 꺼져가던 이반 뇌제(이반 4세)가 유니콘의 뿔을 가져오라고 했다. '최고급 다이아몬드, 루비, 사파이어, 에메랄드로 장식된' 왕실의 지휘봉이었다. 유니콘의 뿔은 유럽 전역에서 마법 같은 치료 효과로 잘 알려졌다. 유니콘의 뿔로 만든 잔은 1789년까지도 프랑스 왕실을 보호하는 데 사용되었다. 독이 든 술이나 물을 담으면 땀을 흘리며 색깔이 변한다는 소문 때문이다. 뿔의 효능을 다시 한번 확인하려고 이반 4세는 주치의에게 뿔 끝으로 탁자 위에 동그라미를 그린 다음 '거미를 잡아' 그 안에 놓으라고 명했다. 동그라미 안에 둔 거미는 몸을 말면서 죽었고, 동그라미 밖에 둔 거미는 도망가서 살았다. 그러나 죽은 거미로는 차르를 위로할 수 없었다. '너무 늦었군.' 그가 말했다. '저것도 나를 살리지는 못할 것이다.' 결국 그는 숨을 거두었다.

그 유니콘의 뿔은 당연히 외뿔고래의 엄니였다. 북극에 사는 소형 고래의 송곳니가 윗입술을 뚫고 자라 최대 2.5미터까지 반시계 방향으로 돌돌 말린 것이다. 'Narwhal'이라는 이름은 고대 노르드어로 '시체'라는 뜻의 'nar'와 '고래'라는 뜻의 'hvalr'를 합친 말로 이 고래의 얼룩덜룩한 회색 무늬에서 따온 것이다. 외뿔고래는 뿔 때문만이 아니라 신출귀몰한 행각에서도 유니콘을 닮았다. 외뿔고래는 인간이 가장 잘 알지 못하는 포유류의 하나로 겨울철이면 거대한 해빙을 피해 인간이 쫓아가지 못하는 곳에서 지내며, 1,600미터 깊이의 칠흑 같은 물속으로 몸을 거꾸로 비틀면서 잠수한다.

외뿔고래의 가장 큰 미스터리는 엄니의 용도이다. 생후 1년 반 된 외뿔고래의 뿔은 새끼손가락만큼 짧고 가늘지만 10년 동안 그 폭이 25센티미터나 될 정도로 크게 자란다. 허먼 멜빌은《모비 딕》에서 '콧구멍 고래'에 관해 이렇게 썼다. '선원들이 말하길 외뿔고래는 먹이를 찾아 바다 밑바닥을 헤집는 갈퀴로 이 뿔을 사용한다. 찰리 코핀은 얼음에 구멍을 뚫을 때 사용한다고 우겼다… 그러나 누구의 말이 옳은지는 증명할 수 없다.' 그는 그 뿔이 편지 봉투를 여는 칼로 안성맞춤일 것 같다는 말로 끝을 맺었다. 외뿔고래 암컷 중에 엄니가 있는 비율은 15퍼센트도 채 안 되기 때문에 생존에 필수적인 부위는 아닐 거라고 추정된다. 그래서 외뿔고래 수컷들이 엄니를 서로 부딪치는 모습이 관찰되었을 때 이들이 일종의 마상 창 대결 중이라고 보았다. 그러나 최근에 과학자들은 이 엄니에 약 1,000만 개의 신경 말단이 관통하고 있으며, 서로 만났을 때 엄니를 문지름으로써 방금 건너온 물의 염도(즉, 바닷물이 어는 정도)에 관한 정보를 전달할 가능성을 제시했다. 그렇다면 엄니는 공격용이 아닌 지도 제작 도구다. 물고기를 기절시키는 낚시 도구로 사용하는 것을 목격했다는 사람도 있다. 엄니는 구애를 도울 수도 있다. 고환과 엄니의 크기 사이에서 상관관계가 나타난 것으로 보아 외뿔고래의 엄니는 생식력 있는 외뿔고래 수컷이 자신의 가치를 선전하는 방법일 가능성도 크다.

외뿔고래의 신체 구조는 아주 정교하다. 열을 보존하기 위해 체형이 최대한 유선형을 유지하게 설계되어 귀도, 입도, 눈썹도, 거추장스럽게 튀어나온 생식기관도 없다. 물속에서 쾌속 질주하는 데 방해가 되는 것은 어느 것도 갖추지 않았다. 외뿔고래는 체중의 40퍼센트가 지방이라 얼음 한가운데에서도 체온을 유지할 수 있다. 외뿔고래는 수중 발레를 추면서 짝짓기한다. 암수가 몇 시간 동안 서로 피부를 맞닿고 나란히 헤엄치다가 마침내 암컷이 배를 들어 올려 수컷의 몸에 대고 누른다. 외뿔고래 암컷이 출산할 때가 되면 무리의 젊은 암컷이 조산사 역할을 자처해 새끼를 사이에 두고 어미 옆에서 나란히 헤엄치며 새끼를 밀어내는 물살을 일으키는데, 이는 일종의 고래 아기 자루 같은 것이다.

외뿔고래의 전설은 별로 따뜻한 내용이 아니다. 20세기 초에 덴마크 민족학자 크누드 라스무센(Knud Rasmussen)은 그린란드 북서해안에 사는 이누이트족의 신화를 기록했다. 외뿔고래의 기원이 된 신화는 다음과 같다. 한 잔인한 어미가 눈먼 아들을 속여 아들 몫의 곰 고기를 가로챘다. 어미와 함께 흰 고래 사냥에 나선 아들은 어머니의 길게 땋은 머리를 고래에 묶었고 고래가 어머니를 끌고 바다로 들어가버렸다. 라스무센에 따르면 '그녀는 돌아오지 않고 외뿔고래가 되었다… 모든 외뿔고래는 그녀의 후손이다.'

외뿔고래에 대한 가장 오래된 문서 중에 1577년에 작성된 것이 있다. 선원이자 사략선을 운영하는 마틴 프로비셔(Martin Frobisher)가 탐험대를 이끌고 배핀섬에 갔다가 그곳에서 부하들이 해변에 죽어 있는 외뿔고래를 발견했다. 그들은 이반 4세가 한 것처럼 뿔의 마력을 시험했다.

> 섬의 서쪽 해안에서 물에 떠 있는 죽은 물고기를 발견했다. 코에 일직선으로 말려 있는 뿔이 솟아 있는데 180센티미터

에서 5센티미터가 모자란 길이였고 끝이 부러져 있었다. 속을 보니 비어 있길래 선원들이 그 안에 거미를 집어넣었는데 이내 죽어버렸다. 그 장면을 직접 보진 못했지만 지어낸 얘기가 아니라는 보고를 받았다. 이를 통해 우리는 그 짐승이 바다의 유니콘이라고 믿게 되었다.

그들은 의기양양하게 그 뿔을 가져갔고, 이누이트 세 명도 강제로 데려갔다. 남성인 칼리초, 여성인 에눅, 아들인 누티오크까지 세 사람 모두 영국에 도착하자마자 절명했다.

'항해에서 돌아온 마틴 경이 여왕에게 엄청나게 긴 외뿔고래 뿔을 바쳤고, 그 뿔은 한동안 윈저성에 걸려 있었다.' 엘리자베스 1세가 소유한 외뿔고래 엄니는 또 있다. 월터 롤리의 이복형제인 험프리 길버트(Humphrey Gilbert)가 여왕에게 1만 파운드(당시에는 작은 성 한 채를 사서 고용인까지 두고도 남는 비용이다)어치의 보석을 박은 외뿔고래 엄니를 선물하면서 '바다의 유니콘'이라고 너스레를 떨었다. 평소 길버트의 신조는 라틴어로 'Quid non(말도 안 돼)'였으나 이 경우에는 그도 진짜라고 믿었던 것 같다. 유니콘은 성경에도 아홉 번이나 나오는 동물이니까. 부유한 교회가 유니콘의 뿔을 소유하는 것이 드문 일은 아니었다. 교회는 이 뿔을 잘게 잘라 성수에 넣고 병든 교인을 도왔다. 영국의 체스터 대성당에는 17세기에 채취한 외뿔고래 엄니가 있는데, 이 조용한 마법을 신도들에게 나누어주곤 했다.

외뿔고래는 적색목록에 '준위협종'으로 등록되었다. 이들의 생존에 가장 큰 위협은 단연 기후 변화다. 얼음이 뒤덮은 지역이 너무 빨리 줄어드는 바람에 미처 적응하지 못하고 있다. 범고래의 눈을 피해 숨거나 먹이를 먹을 곳이 사라지기 때문이다. 외뿔고래는 일련의 딸깍음과 웅웅거리는 소리(혹 등고래보다는 음이 높고 돌고래보다는 덜 날카롭다)로 소통하는데 북극권을 지나는 선박이 늘고 추출 산업이 증가하면서 소음 공해가 심해져 소리를 듣지도 내지도 못하게 되었다. 그 결과 새끼를 제대로 보호하거나 가르치지 못하고 있다.

인간은 저들에게서 고요함을 빼앗아 나이트클럽의 소음으로 대체하였다. 그러나 다행히 아직까지는 8만 마리 정도가 살고 있다고 추정된다. 해가 들지 않는 어느 바다 한구석, 인간이 닿지 못할 만큼 춥고 어두운 물속에서 유니콘에 비견할 아름답고 낯선 존재가 돌아다니고 있다.

The Crow
까마귀

살다가 배신할 동물을 꼭 골라야 하는 상황이 온다면 까마귀는 맨 마지막 순서가 되어야 한다. 까마귀는 가공할 지능을 소유했고, 똑똑하고 현명하여 자신을 배반한 사람에 대한 원한을 잊지 않는다. 워싱턴 대학교 학생들이 5년 동안 원시인 가면을 쓰고 캠퍼스에 사는 까마귀들을 잡아다가 잠시 우리에 가두고는 다시 풀어주었다. 까마귀들은 구약성경의 신처럼 그 사실을 잊지 않았고, 그렇다고 아무에게나 노여움을 풀지도 않았다. 실험자였던 학생들이 가면을 쓰지 않은 맨얼굴로 지나갈 때면 까마귀들도 그들을 무시했다. 그러나 원시인 가면을 썼을 때는 까마귀들이 집단으로 공격하며 야단을 치고 고함을 질렀다. 분노와 공포는 한 까마귀에서 다른 까마귀로 전달되어 금세 집단 전체에 퍼졌다. 또 다른 실험에서 가면을 쓴 학생들은 포획되었던 원래의 까마귀들이 죽은 후에도 여전히 집단으로부터 보복당했다.

그러나 적이 아닌 아군으로 만난 까마귀는 더할 나위 없이 든든한 내 편이다. 시애틀에 사는 개비 맨(Gabi Mann)이라는 여자아이는 네 살 때부터 하루도 빠짐없이 까마귀에게 먹이를 주었는데 그 보답으로 까마귀들이 종이 클립, 파란 구슬, 레고 조각, 작은 은색 하트 펜던트 등 선물을 가져다준 것이 세계적인 뉴스가 되었다. 그것만이 아니었다. 하루는 개비의 엄마인 리사가 야외에 나가 사진을 찍다가 실수로 카메라 렌즈 뚜껑을 떨어뜨렸다. 마침 까마귀가 근처에서 지켜보고 있었다. 리사는 집에 거의 다 도착해서야 자신이 렌즈 뚜껑을 잃어버렸다는 사실을 알게 되었다. 하지만 집에 와보니 뚜껑이 새 목욕통 가장자리에 정확히 균형을 잡고 놓여 있는 게 아닌가. 촬영된 영상을 보니 까마귀는 뚜껑을 들고 돌아와 목욕통에 가서 몇 번 씻기까지 하더니 자리에 올려놓고 리사가 오기를 기다렸다. 그들은 우리를 알고 있다. 그리고 우리에게 벌도 주고 상도 준다.

거의 모든 새가 둥지를 직접 짓는 솜씨 좋은 목수지만, 까마귀처럼 뛰어난 장인은 드물다. 까마귀는 조류계의 아인슈타인으로, 몸무게 대비 뇌의 질량은 인간에 조금 미치지 못하는 정도다. 많은 까마귀가 나무에서 잔가지를 부러뜨리거나, 잎을 벗겨내거나, 고리처럼 구부려서 먹이를 구하는 도구를 만들 수 있다. 만약 도구가 마음에 들면 잘 보관해두었다가 나중에 쓴다. 상대의 가장 소중한 장비를 훔쳐가는 까마귀가 목격된 적도 있다. 태평양 제도에 자생하는 뉴칼레도니아까마귀에게는 자판기 사용법을 쉽게 가르칠 수 있다. 프랑스의 퓌뒤푸 놀이공원에서는 아주 똑똑한 암청색 떼까마귀 여섯 마리를 훈련해 쓰레기를 줍게 한다. 까마귀는 사람이 담배꽁초를 버리면 그가 보는 앞에서 꽁초를 주워 상자에 떨어뜨리는데, 그럼 먹을 것이 나온다. 일개 떼까마귀 앞에서 이런 망신이 따로 없다.

까마귓과는 큰 분류군으로 십수 벌의 최상급 검은 옷을 입는다. 까마귀속(Corvus)에는 까마귀, 큰까마귀(까마귀와는 크기로만 구분이 된다), 떼까마귀가 있고(떼까마귀는 은회색 부리로 구분할 수 있다), 까마귓과에는 까치, 어치, 갈까마귀를 포함한 133종이 포함된다. 까마귓과 새들은 절대 고분고분하지 않다. 기본적으로 이들은 피에 굶주린 동물이다. 까마귀는 갓 태어난 힘 없는 어린 양의 눈을 쫀다고 알려졌다. 참새나 찌르레기의 알이나 새끼를 먹고, 그래서 시골 지역에서는 인기가 없다. 한때 〈스포츠 사냥(Sporting Shooter)〉이라는 잡지에서는 까치를 제일 많이 죽여서 들고 오는 사람에게 500파운드의 상품을 걸었다. (유럽 전역에서 명금류의 수가 재앙 수준으로 감소한 원인을 까치에게서 찾는 사람도 있지만, 그건 엉뚱한 곳에 화살을 돌리는 것이다. 대부분은 살충제 때문에 곤충이 줄어든 탓이고, 그 외에도 겨울에 곡물의 씨를 뿌리는 새로운 경작법 때문에 작물이 너무 높고 빽빽하게 자라서 새들이 둥지를 틀기가 어렵다.)(겨울에 씨를 뿌리면 지면에서 맹아가 자라 같은 뿌리에서 여러 개의 줄기가 자란다 – 옮긴이). 까마귓과 새들은 인류 역사에서 대체로 사랑받지 못한 존재였다. 부분적으로는 어린 양을 산 채로 먹는 소름 끼치는 행위 때문에, 또 모든 것을 아는 듯한 불신의 눈초리 때문에, 그리고 목을 긁는 듯한 불편한 음성 때문이다. 에드거 앨런 포가 '이 음산하고 꼴사납고 섬뜩하고 말라빠진 불길한 옛적의 새가 '영영 없으리'라며 까악대는 것은 무슨 의미일까'라고 쓰게 만든 것도 갈까마귀다.

그러나 기쁨을 불러오는 목소리를 가진 까마귀가 있다. 이 새의 다재다능한 재주는 혀를 내두를 정도다. 까마귀의 어떤 울음소리는 음악적이고, 심지어 인간의 노래와도 흡사하다. 풍요로운 목소리의 소유자인 하와이까마귀는 '알랄라(alalà)'라고도 불린다. 몸집이 크고, 아주 아름다운 페트롤–블루–블랙 색에 생기가 넘친다. 그 까마귀의 울음소리가 어떨 때는 휘파람을 부는 주전자 같고, 어떨 때는 엘비스의 함성과 똑같다. 미국 어류 및 야생동물관리국에서는 알랄라의 울음소리를 '이오우(yeeow)'라고 묘사했다. 과거에는 하와이에서 수가 가장 많은 새로서, 숲속에서 온갖 덜거덕거리는 소리, 으르렁거리는 소리, 환상적으로 울부짖는 소리를 냈다.

하와이 전통 설화에서 알랄라는 영혼의 수호자다. 사람이 죽으면 그 영혼은 바다 위 높은 곳에 자리 잡은 도약의 장소로 가서 알랄라가 최종 안식처로 데려갈 때까지 기다린다. 하와이의 카우섬에서 망자가 도약하는 장소는 섬의 남쪽 끝에 있는 '카레이'라는 절벽이고, 그곳의 안내자는 까마귀다. 거기에서 영혼과 새가 만나 함께 사후 세계로 도약한다. 새가 없으면 영혼은 길을 잃고 영원히 귀신과 밤나방 사이에서 헤매야 할지도 모른다.

알랄라는 2002년에 야생에서 절멸했다고 선포되었다. 2016년에 30마리가 숲에 방생되었으나, 그중 다섯 마리가 살아남아 다시 회수되었다. 일부는 포식자에게 반응하는 시스템이 없기 때문에 죽었다. 하늘에서 이 새의 주요 천적은 또 다른 멸종 위기종인 하와이말똥가리(Hawaiian hawk)다. 알랄라들이 번식하고 쉬고 시끄럽게 떠들던 숲이 가축과 인간을 위해 깎여나갔다. 새들이 사라지자 그들에게 종자 확산을 의존했던 십수 종의 토종 하와이 식물도 자취를 감추었다. 알랄라를 야생으로 재도입하려는 시도가 넉넉한 지원비와 함께 진행 중이지만 전망이 썩 좋지는 않다. 사육 상태에서 길러진 수컷 알랄라는 공격성이 강하고 이성이 로맨틱하게 유혹하는 몸짓을 잘 알아채지 못한다. 게다가 근친교배로 알껍데기는 얇아졌고, 한 배에서 나오는 새끼 수가 줄었다. 야생으로 돌아가기는 했으나 진정한 야생 까마귀가 되는 법을 알려주는 동료가 없다. 그러니 이들은 전과는 다르다. 알랄라는 일개 조류 종에 불과하지만 도구를 사용하고 우리가 아직 해독하지 못한 훨씬 정교한 방식으로 서로 소통했다. 너무나 많은 지적 존재가 사라져버렸다. 만약 알랄라가 끝내 구원받지 못한다면 인간이 죽음을 설명하는 방식의 하나도 소멸할 것이다. 카레이에서 영혼을 기다리는 안내자가 없을 것은 두말할 필요도 없고 말이다.

The Hare
산토끼

산토끼는 언제 어디서나 마법의 동물로 통했다. 길쭉한 다리로 전율을 일으키는 이 아름다운 동물은 걸어 다니는 사랑의 묘약이자 언제든 준비된 매력이었다. 3세기 그리스의 소피스트 필로스트라투스(Philostratus)는 사람들에게 '사랑을 강요하고 마음에 담은 여인을 제것으로 만들 마법의 힘'을 산토끼에게서 발견한 파렴치한들이 있다고 경고했다. 대 플리니우스는 산토끼를 먹으면 매력이 증진된다고 제시했다. '항간에 산토끼 고기를 먹으면 9일 동안 성적 매력이 유지된다는 말이 떠돈다. 속된 미신이지만 이렇게나 널리 퍼진 것을 보면 어느 정도 타당성이 있을 것이다.' 풍자시의 대가 마르티알리스(Martial)는 겔리아라는 귀족 여성에게 이런 편지를 보냈다. '겔리아, 당신은 매번 내게 산토끼를 보내며 "이걸 먹으면 7일 동안 아름다워질 거예요"라고 말하죠… 하지만 내 사랑, 정녕 당신의 말이 옳다면 어디 세상에 남아 있는 토끼가 있겠소.' 토끼는 사랑의 여신 아프로디테에게 바쳐진 동물이다. 그리스 화병에도 에로스가 산토끼를 쫓거나 팔에 안고 있는 모습이 그려져 있다.

산토끼가 섹스와 욕망의 영역에 속하게 된 것은 이 동물의 놀라운 생식력에서 비롯한다. 아리스토텔레스는 《동물지(Historia Animalium)》에서 산토끼는 두 번 임신할 수 있다고 주장했다. 토끼는 '계절을 가리지 않고 번식하고 수시로 새끼를 낳으며, 임신 중에 "다시 수태한다(superfoetate)".' 아리스토텔레스는 뱀장어가 진흙에서 자연적으로 발생한다고 주장했던 인물이지만, 사실 그의 말이 틀린 것은 없다. 토끼는 실제로 이미 임신한 상태에서 다시 임신할 수 있다. 수토끼가 출산을 앞둔 암컷과 교미하면 수정된 배아는 난관에서 대기하며 발생을 시작하고 출산이 끝나 자궁이 비면 바로 들어와 자리 잡는다. 이렇게 시간을 절약해 번식기에 새끼를 30퍼센트나 더 낳는다. 산토끼가 신통한 비법으로 임신을 조절한다는 믿음 때문에 토끼의 신체 부위는 오랫동안 피임 도구로도 쓰였다. 6세기에 콘스탄티노플의 왕실 의학 자문인 아에티우스(Aetius)는 피임을 원하는 여성은 '사리풀의 씨를 암탕나귀의 젖, 도금양, 블랙 아이비 열매와 섞어서… 산토끼 가죽에 감싼 다음 착용하라'고 제안했다. (이 자는 어린아이의 유치를 여성의 항문에 넣으라고 조언하기도 했다. 누가 이런 피임법을 따르고 싶었겠는가.)

산토끼는 자웅동체로서 목숨이 두 개이며, 마법을 써서 둘 사이에서 자유자재로 변신한다고들 믿었다. 4세기 수사학자 도나투스(Donatus)는 산토끼를 두고 'modo mas, modo femina(때로는 남자, 때로는 여자)'라고 썼다. 그런 이유로 산토끼는 고대에 동성애를 표현하는 방식이기도 했다. 아프리카 출신 로마 극작가 테렌스(Terence)가 쓴 한 희극에 등장하는 어느 대담한 젊은이가 이런 말을 듣는다. '뭐라고? 이 뻔뻔한 짐승 같으니라고. 너는 육체만을 탐하는 토끼가 분명하구나.' 기원전 500년에 제작된 한 진흙 항아리에는 젊은이와 사랑에 빠진 한 남성이 묘사된다. 그는 젊은 남성에게 살아있는 토끼를 바치고, 젊은 남성은 그것을 빤히 쳐다본다. 산토끼는 이성애와 동성애를 모두 상징한다. 발 앞에 놓인 토끼는 그 사랑스러운 생김으로 모든 의심을 단숨에 날려버릴 것이다.

고대 로마 학자들 말에 따르면 산토끼를 부르는 말인 'lepus'는 라틴어로 '가벼운 발'이라는 뜻의 'lavipes'에서 왔다. 당연히 이 동물은 저 이름으로 불릴 자격이 있다. 유럽토끼(숲멧토끼)는 시속 80킬로미터로 달리고 3미터를 점프한다. 한번에 자기 몸길이의 다섯 배를 뛰는 것이다. 여우에 쫓기는 토끼가 포식자의 추격을 방해하기 위해 지그재그로 달리며 앞서 나가는 장면을 보고 있으면 세상에 경이로움이란 진정 이런 것이구나 싶다. 산토끼는 이미 눈을 뜨고 털이 달린 채로 태어날 때부터 달려나갈 준비를 마친 상태다. 대개 혼자 살고 굴을 만들지 않으며 땅바닥의 얕고 우묵한 곳에서 잠시 쉴 뿐, 절대 멈추는 일이 없다.《브루어 사전(Brewer's Dictionary)》에 따르면 '토끼의 발에 키스한다'는 저녁 식사 시간에 많이 늦었다는 뜻이다. '이미 도망친 토끼의 발자국에나 "키스"할 수밖에.'

그러나 산토끼가 인간의 행동력을 앞지를 정도로 빠른 것은 아니다. 지난 세기에 영국에서 산토끼 개체 수는 80퍼센트나 줄었는데 생울타리가 무자비하게 잘려나가면서 몸을 숨길 곳이 사라진 게 큰 원인이었다. 1985년에서 1997년까지 영국과 웨일스를 잇는 64만 킬로미터의 생울타리 중에서 18만 4,000킬로미터가 태워지고 잘려나갔다. (인간의 변덕과 유행, 그리고 조심성 덕분에 보존된 나머지도 언제 어떻게 될지 모른다. 케임브리지셔에는 '주디스의 생울타리'라는 긴 생울타리가 있는데, 더럼 대성당은 물론이고 세인트 제임스 궁이나 버킹엄 궁전보다 오랜 역사를 자랑한다. 가시 돋친 푸르름 속에서 900년이라는 세월 동안 그 안의 생명을 보듬으며 살아온 것이다. 누구든 생울타리를 허물려면 지역 관공서에 신청해야 하지만 상대적으로 최근에 세워진 많은 생울타리는 그런 보호를 받을 수 없다. 나는 이 자리에서 한 가지 제안을 하겠다. 생울타리를 잘라내어 이윤을 남기는 사람들은 평생 고속도로 휴게소에서 살게 해야 한다.) 게다가 산토끼는 1년 내내 합법적으로 사냥할 수 있는 유일한 사냥감이다. 심지어 번식철에 암토끼가 들판에서 미래의 구혼자들과 권투하는 시기도 예외는 아닌지라 1년에 30만 마리가 사냥된다. 당신들이 지금 부활절 토끼를 죽이고 있다고 상기시키는 것이 도움이 될까? 부활절 토끼는 원래 토끼이기 전에 산토끼였으니까. 시골에서 떠도는 소문에 따르면 (역사적 사실이라기보다는 희망 사항에 더 가깝겠지만), 산토끼는 색슨족의 봄의 여신 에오스터(Eostre)의 동물이다. 옛날에는 지금처럼 미친 듯이 귀여운 털 다발까지는 아니었지만, 그래도 에오스터의 산토끼였다.

어떤 산토끼는 마녀이자 요정이었다. 엘리자베스 고지(Eli-zabeth Goudge)가 1946년에 쓴 《작은 백마》라는 놀라운 어린이책이 있다. 전쟁 직후에 맛보는 설탕 비스킷의 달콤함과 아름다운 것들에 빠져들게 하는 이 책에서 산토끼는 모든 것을 통틀어 가장 아름다운 존재로 그려진다. 한 소년이 설명하기로, 산토끼는 토끼와 같은 동물이 아니다. '산토끼는 전혀 다른 동물이다. 산토끼는 애완동물이 아니라 사람이나 마찬가지다. 영리하고 용감하며 사랑스럽다. 그 안에 요정의 피가 흐른다.' 켈트족 전설에서는 전사이자 시인인 오신(Oisín)이 토끼 사냥을 나갔다가 화살에 맞아 다리에 상처가 난 산토끼의 뒤를 쫓았는데, 빽빽한 덤불 안에 땅속으로 들어가는 문을 발견하고 들어가보니, 커다란 홀에 다리를 다친 아름다운 여인이 앉아 있었다. 그 이야기는 실제 있었던 어느 재판을 떠올리게 한다. 1663년에 줄리안 콕스(Julian Cox)라는 노파에 대한 마녀재판에서의 증언을 들어보자.

한 사냥꾼이 맹세하며 말하길, 사냥개들을 데리고 토끼 사냥을 나갔다가 줄리안 콕스의 집에서 멀지 않은 곳에서 산토끼 한 마리를 뒤쫓기 시작했다. 사냥꾼은 지친 토끼가 덤불로 들어가는 것을 보고 개들에게 잡혀 만신창이가 되기 전에 붙잡으려고 덤불 반대편으로 달려갔다. 그러나 그가 뻗은 손에 잡힌 것은 다름 아닌 줄리안 콕스였다. 평소 그녀와 알고 지내던 터라 그는 머리털이 쭈뼛 설 만큼 기겁했지만 일단 태연하게 말을 걸며 어쩐 일로 여기에 있냐고 물었다. 그녀는 숨이 너무 차서 대답도 하지 못했다… 사냥꾼과 개들은 두려움에 떨며 집으로 돌아갔다.

이렇듯 산토끼는 아름다울 뿐 아니라 위험한 존재다. 1875년에 민속 문학에 관한 어느 책에는 산토끼가 재앙과 밀접한 관련이 있다고 적혀 있다. 산토끼가 눈앞에서 지나가면 불행을 피하기 위해 이렇게 주문을 외워야 한다. '토끼는 앞으로, 불운은 뒤로, 변신하라 그대들이여, 앞질러 가서 나를 해방시키라.' 〈산토끼의 이름으로〉라는 어느 중세 영문 시는 산토끼가 눈앞에서 지나갔을 때 불운을 막기 위해 불러야 하는 별명 77가지를 적었다. 그중에 좋은 건 거의 없다. 아일랜드 시인 셰이머스 히니(Seamus Heaney)가 번역한 내용의 일부는 다음과 같다.

> The creep-along(기어다닌다는 뜻), the sitter-still(얌전히 앉아 있다는 뜻), the pintail(고방오리), the ring-the-hill(언덕을 돈다는 뜻), the sudden start(갑작스러운 출발), the shake-the-heart(마음을 흔드는 것), the belly-white(하얀 배), the lambs-in-flight(날고 있는 어린 양). The gobshite(헛소리를 지껄이는 멍청이), the gum-sucker(오스트레일리아의 빅토리아주 사람을 비하하는 은어), the scare-the-man(사람에게 겁을 주는 것), the faith-breaker(신의를 깨는 자), the snuff-the-ground(땅에서 냄새를 맡고 다니는 것), the baldy skull(대머리 머리뼈), (주

로 악당이라고 불렸다)

농부에게 산토끼는 분명 헛소리를 지껄이는 멍청이이자 신의 배신자였지만, 동시에 성스러운 신물이기도 했다. '세 마리 산토끼'는 극동 지방의 성스러운 공간과 영국 전역의 교회에서 등장하는 모티프다. 세 마리 산토끼가 서로 귀를 공유하며 뒤엉킨 채로 원을 그리고 뛰고 있다. 산토끼는 오랫동안 성모 마리아의 초상화에도 관례처럼 등장했다. (변태스럽지만 산토끼는 성과 동정 양쪽의 완벽한 본보기로 받아들여진다. 이 동물은 생식력이 대단해서 짝짓기를 하지 않고도 번식한다고 믿었기 때문이다.) 교회 지붕 부조에 달리는 모습이 새겨진 토끼는 삼위일체를 상징한다. 성부, 성자, 성령이 곧 하나이며, 한 몸 안에 셋이 있다. 움직이는 원동력 그 자체이다.

만약 아름다움이 사랑받을 가치가 있고, 오랫동안 그 가치를 지켜왔다면, 우리는 그 어떤 생물보다도 산토끼를 사랑해야 한다. 산토끼는 가까이에서 볼수록 아름다운 동물이다. 총 32종의 산토끼 중에서도 버마멧토끼(Burmese hare)는 색이 적회색에서 은빛으로 다양하며, 양털멧토끼(Tibetan woolly) 같은 종은 갓 베어낸 밀짚 색깔을 띤다. 인도멧토끼(Indian hare)는 목 뒤쪽으로 검은색 얼룩이 띠를 두른다. 영국 북부의 고산토끼(mountain hare)는 겨울이면 새하얀 색으로 바뀐다. 흰색으로는 한 철만 나기 때문에 1년 내내 같은 색인 동물의 지저분한 하얀색이 아니라 전혀 바래지 않은 순백의 하얀색을 유지한다. 다리는 올림픽 선수의 강인함을 지녔고, 끝이 검은 귀는 집토끼처럼 짧고 안쪽에는 분홍색 벨벳 털이 덧대어 있는데, 아주 얇아서 조명 아래에서는 속이 훤히 보인다. 위에서 보면 그 귀는 전장을 가로지르는 깃발처럼 절대로 접히지 않는다. 셰이머스 히니는 이 동물을 '숲속의 고양이, 양배추밭의 수사슴'이라고 불렀다. 만약 세상에 마법이 정말로 존재한다면 적어도 일부는 이 동물과 관련이 있을 것이다. 그래서 내 사랑, 만약 당신이 이 글을 읽고 있다면 저는 꽃도, 보석도 필요하지 않습니다. 그저 토끼 한 마리면 됩니다.

The Wolf

늑대

17세기 런던에서는 매주 사람들의 사망 원인을 기록하는 사망 보고서가 작성되었다. 여기에는 '공포에 질려(Affrighted)' '폭발하여(Blasted)' '이빨에 물려(Teeth)' '거리에서 사망(Dead in Street)' '이에게 먹힘(Eaten of Lice)' '왕의 악마(King's Evil)' 등 생생한 표현으로 의문을 불러오는 항목들이 열거되어 있다. 1650년에는 '늑대(Wolf)'라고 적힌 것이 총 여덟 건이었다. 드루리 레인의 맥줏집 거리에서 송곳니를 드러내고 어슬렁거리는 그림자를 상상하고 싶겠지만, 사실 '늑대'는 더 치명적인 살인자에게 주어진 이름이었다. 1615년, 한 성직자가 '유방에 생긴 질병을 암이라고 부르며 통상 늑대라고 부른다'라고 썼다. 1710년에 프랑스 외과 의사 피에르 디오니스(Pierre Dionis)가 쓴 글을 번역하면, '이 병은 유방 외에도 여러 신체 부위를 공격하며 그곳에서도 해괴망측하기는 마찬가지다. 다른 이름으로도 부르고 특히 다리에 생겼을 때는 늑대라고 하는데, 그대로 방치하면 몸을 모조리 먹어 치울 때까지 멈추지 않기 때문이다.'

'늑대'라는 별칭에 담긴 상징성은 발전을 거듭했다. 늑대와 암의 연관성은 대중의 상상 속에서 잘 자리 잡았다. 1714년에 외과 의사 다니엘 터너(Daniel Turner)는 어느 여성 환자의 악성 궤양을 치료했다고 주장한 '유명한 암 전문의'에 관해 이렇게 썼다. '얼마 전에 들은 [과장된] 얘기가 있다. 한 여성이 맹세하길, 상처 부위에서 한 발짝 떨어져서 날고기 조각을 들고 있으면 늑대가 빼꼼히 머리를 내밀고 나와 낼름 받아먹었다고 한다.' 늑대가 여성의 몸속에서 두더지잡기 게임처럼 튀어나오는 황당한 은유의 강력함을 보여주는 사례다. 1599년에 출간된 《의학서(The Boock of Physicke)》에는 '늑대의 혀'를 말려서 가루를 낸 다음 복용하면 암을 치유할 수 있다고 쓰여 있다. 비유의 언어는 동화 같은 힘을 발휘해 그것이 진짜라고 믿는 자들을 사로잡는다.

인류는 아주 예전부터 늑대를 두고 사람을 현혹하고, 식탐이 강하며, 도덕적으로 타락한 동물로 규정했다. 굶주렸을 뿐 아니라 불성실한 존재가 바로 늑대다. 이는 성경에도 나오는 말이다. 영국에서 맨 처음 늑대를 탐욕스러운 동물로 표현한 문헌은 950년, 〈린디스판 복음서(Lindisfarne Gospels)〉다. 'Heonu ic sendo iuih suæ scip in middum vel inmong uulfa'(보라, 나는 늑대들 한복판에 있는 양으로 너를 보냈다). 영국에 인쇄술을 도입한 윌리엄 캑스턴(William Caxton)은 1483년에 이솝우화를 출판하면서 세 마리 늑대 이야기를 선택했다. 브리튼의 초기 역사에 늑대는 특히 양이나 양 주인들에게 크나큰 골칫거리였으니 그럴 만도 하다. 11~12세기를 지배한 노르만의 왕들에게는 늑대를 잡아오는 전담 부하가 있을 정도였다. 흉악범들은 늑대 사냥꾼이 되겠다고 하면 사형을 면했고, 늑대가 가축에 큰 피해를 주자 에드워드 1세는 영국의 모든 늑대를 몰살하라는 명령을 내렸다. 이 조치는 대체로 성공하여 영국에서 늑대가 마지막으로 언급된 것은 1290년 사슴 공원에서 사냥감을 찾아 배회하던 늑대가 목격되었다는 보고서에서였다. 1300년경에는 한 영국 의사가 연구용으로 '부패 중인 늑대'의 사체 4구를 수입하려다가 세관원에게 붙잡혔다. 당시 집에서 늑대가 발견되는 건 있을 수 없는 일이었다.

그러나 산악지대가 많고 야생의 변두리가 남아 있던 스코틀랜드에는 여전히 늑대가 많았다. 스코틀랜드의 제임스 2세가 왕이던 1457년에는 지방 귀족이 의무적으로 영지 내에서 사람들을 독려하여 1년에 세 번씩 늑대를 잡으러 다니게 하는 법이 통과되었다. 여기에 동참하지 않거나 항의하는 자들은 조사하여 벌금을 물렸다. 1563년, 스물한 살의 메리 1세는 몸소 늑대 사냥에 나섰다. 가방에는 늑대 다섯 마리가 있었는데 그 정도로는 티도 나지 않았다. 메리 1세 시대에 살았던 위대한 연대기 작가 라파엘 홀린셰드(Raphael Holinshed)는 늑대가 너무 위험해져서 여행자들을 위한 대피소가 마련되었다고 썼다. 스피탈(spittal)이라고 부르는 작은 오두막의 일부가 여전히 스코틀랜드에 남아 있다. 16세기에 《리스모어 지구장의 책(Book of the Dean of Lismore)》에 번역되어 실린 게일어 시 한 편이 있다. 신에게 이 짐승을 벌해 달라 애청하는 긴 탄원서다.

> 폭력적인 늑대 무리가
> 아서스 번 초원 주변에 머물고 있습니다.
> 신이시여, 제발 그들을 가증스럽게 여기시어 내치시고,
> 당신의 전능하신 손에 저주받게 하소서.

늑대는 양을 잡아먹고 양 치는 아이들을 위협했으며 광견병에 걸리면 더 대담해졌다. 때로 인간의 자손까지 잡아먹었다. 그렇다고 해도 이렇게까지 나쁜 평판을 받을 정도는 아니다. 늑대가 사자나 호랑이보다 유난히 더 교활하거나 사악한 동물은 아니다. 여느 포식동물과 다를 바 없으나 우리

는 늑대를 다른 동물과 같은 눈으로 보기를 거부했다. 사람들에게는 세상에 대한 공포와 두려움을 투사할 상징이 필요했고, 늑대를 그 대상으로 정했으며, 열정을 다해 그렇게 믿고 몰아갔다. 일례로 로마 시인 오비디우스(Ovid)의 작품에서 최초의 변신 장면은 가장 소름 끼치고 또 가장 오래된 허구인 낭광(lycanthropy. 마법에 의해 늑대로 변하는 것, 또는 자신을 늑대라고 생각하는 병 - 옮긴이)을 다루었다. 그건 내가 어려서 까다로운 아이였을 때 가장 좋아했던 《변신 이야기》에 나온 이야기였다. 리카온(Lycaon. 그리스어로 늑대라는 뜻 - 옮긴이) 왕은 인질로 잡힌 소년을 죽여서 '그 사지를 잘라 요리하고 아직 생명의 온기가 남아 있을 때 일부는 끓이고 일부는 불에 구워서' 제우스에게 대접했다. 이처럼 요리가 복수의 수단으로 쓰이는 일화는 그리스신화에 너무 자주 등장하기 때문에 신들이 알아서 조심했을 법도 하지만 아무튼 제우스는 의심하지 않고 먹었다. 그리고 후에 그 사실을 알게 되자마자 리카온의 궁전에 번개를 내리고 그를 황야로 내쳤다. '리카온은 말을 하려고 했지만 울부짖는 소리밖에 나오지 않았다. 옷은 뻣뻣한 털로, 팔은 다리로 바뀌었고, 그는 그렇게 늑대가 되었다. 야만적인 성품은 폭력적인 턱에 살아있었다.' 오비디우스에게 변신은 진실을 전달하는 수단이었고, 늑대의 진실은 곧 부정직한 야만성이었다. (오비디우스는 생전에 대단히 인기가 있었는데, 그만큼 많은 이들이 그의 이야기에 열심히 동조했을 것이다.)

나는 언제나 동화 속 늑대들을 중요하게 생각했다. 늑대는 인간이 숨기고 싶어 하는 욕망을 대변하기 때문이다. 우리는 커다란 눈과 이빨과 굶주림을 늑대 안에 감춘다. 러시아 동화에서는 이 욕망이 더욱 아찔하게 묘사된다. 〈이반 차레비치와 회색 늑대〉에서 차르의 아들인 이반은 늑대를 만난다. 늑대는 이반의 말을 잡아먹더니 그를 등에 태우고 영광의 길로 안내하겠다고 제안한다. 이야기 후반에 늑대는 결혼식장에 들어간 공주로 변신한다. 어떤 버전에는 손님을 잡아먹기도 한다. 따라서 동화 속 진정한 혼인은 영국 왕실의 혼례식처럼 오르간 연주와 거창한 드레스가 매개된 국가기관의 강화가 아니다. 대신 결혼식은 은밀한 욕망이 새어 나오는 장소로 왕위에 오르기를 기다리다 지친 나이 든 왕이 늑대로 변신해 여왕을 잡아먹는 곳이다.

그러나 애초에 인간이 탐욕의 상징을 찾을 때 차라리 용을 내세웠다면 더 좋을 뻔했다. 그릇된 평판이 늑대를 파멸의 지경까지 몰고 갔기 때문이다. 흑색늑대는 수없이 사냥당해 결국 1908년에 멸종했다. 황갈색의 날렵한 그레고리늑대

(*Canis lupus gregoryi*)는 1980년에 모두 죽었다. 늑대가 더는 인간에게 물리적 위협을 가하지 못하게 된 뒤에도 늑대 사냥은 계속되었다. 이제는 광견병을 걱정할 일도, 사람이 늑대에게 공격당할 일도 거의 없다. 사실 늑대는 수줍음이 많고 조심성이 많은 동물이다. 낯선 존재를 보면 도망부터 가기 때문에 경비견으로도 길들일 수 없다. 앉은 자리에서 고기 10킬로그램을 먹어 치우지만 늑대가 좋아하는 먹이는 인간이 아니라 말코손바닥사슴이고 멜론, 무화과, 열매, 곡물을 즐긴다. 다시 말해 늑대가 늘 배고픈 동물인 것은 맞지만 인간에게 이빨을 드러내지는 않는다는 말이다.

늑대를 대하는 태도가 서서히 달라지고 있다. 유럽 전역에서 늑대 개체 수가 늘어나 현재 유럽 대륙에 1만 2,000마리가 돌아다닌다. 스코틀랜드에 늑대를 재도입하자는 제안이 어떻게 결론지어질지 아직 알 수 없다. 물론 간단한 일은 아니지만 생태계를 근본적으로 재검토한다면 충분히 가능한 일이며, 그렇게만 된다면 놀랍도록 풍성한 변화를 기대할 수 있다. 늑대는 전에도 경이로운 변화의 주역이었던 적이 있다. 늑대는 1970년대에 미국 옐로스톤 국립공원에서 박멸되었다가 1995년에 재도입되었는데, 그후 10년 만에 와피티사슴의 개체군이 절반으로 줄었고, 풀을 뜯는 와피티사

습이 줄자 사시나무, 버드나무, 미루나무가 다시 자랐다. 숲을 키우고 싶다면, 늑대를 심어라.

지금까지 우리는 늑대를 지켜보며 걱정스러운 추측을 해왔지만, 그중에 옳은 것은 별로 없었다. 예를 들어 늑대는 그다지 달에 신경 쓰지 않는다. 늑대가 울부짖는 것은 밤하늘의 달 때문이 아니라 서로에게 말을 하고 싶어서다. 늑대의 삶은 울음소리로 연결된다. 함께 사냥하고, 무리에게 위험을 경고하고 폭풍이나 눈밭에서 서로를 찾으려고 울부짖는다. (늑대가 울부짖는 모습을 딱 한 번 보았는데. 소리를 내기 전에 몸을 뒤로 젖히는 모습은 생일 케이크에 촛불을 막 불기 직전의 어린아이처럼 보였다.) 늑대의 하울링은 100제곱킬로미터 이상 이동한다. 늑대는 고요한 날, 널따란 시골 지역에서 15킬로미터 떨어진 사람의 발소리를 들을 수 있다. 복잡하고 위계질서가 확실한 사회생활을 하며 서열이 낮은 수컷은 짝짓기를 하지 않기 때문에, '알파 늑대'는 곧 아비가 되는 수컷 늑대를 나타내는 말이기도 하다. (자신의 알파 지위를 내세우는 남성이 있거든 이렇게 말해라. 그건 단지 아버지가 된다는 뜻이라고.)

늑대의 의사소통은 단순한 소리를 넘어서 더 복잡하게 발달했다. 늑대는 표정으로 정보를 전달하는 소수의 동물 중 하나다. 늑대의 몸짓은 대략 이렇게 해석될 수 있다. 귀를 머리에 가깝게 젖히고 다리 사이로 꼬리를 넣는 것은, '비토 코를레오네(영화 〈대부〉의 주인공 마피아 두목 - 옮긴이), 따님의 결혼식에 초대해주시니 대단히 영광입니다. 첫 손주가 멋진 사내로 성장하길 기원합니다.' 귀를 앞으로 세우고 꼬리를 위로 뻗는 것은 지배적인 자세로, '총은 버려두고 카놀리나 챙겨(같은 영화에서 중간 보스가 배신자를 죽인 다음 부하에게 아내가 부탁한 디저트를 챙기라고 명령하는 장면 - 옮긴이).' 귀를 접어 옆쪽으로 뻗고 이빨을 드러내며 주둥이에 주름이 질 때는 '거절할 수 없는 제안을 던지겠다'라는 뜻이다.

나는 웨일스 국경에서 반쯤 길든 암늑대를 만난 적이 있다. 상상한 것보다도 훨씬 개와 달랐다. 피부 아래로 개에게서 본 적 없는 근육이 발달해 있었다. 덤불로 가더니 이빨로 블랙베리 한 알을 땄는데, 그 동작이 굉장히 섬세하고 절제되어 보였다. 개에게서 맡아보지 못한 먼지와 피 냄새가 났다. 늑대의 털은 두꺼워서 영하 40도에서도 편안하게 잠들 수 있다. 손을 대보았더니 정전기로 따끔했다. 말 그대로 전기가 통한 것 같았다. 이 암늑대는 나와 눈을 마주치고 싶어 하지 않았다. 늑대는 그들이 배회하는 동화와 같다. 야생 그 자체이며 그 누구의 편도 아니다.

The Hedgehog

고슴도치

대플리니우스는 쉽지 않은 사람이었다. 조카인 소플리니우스가 마차를 타지 않고 걸어가는 걸 보고 독서에 쓸 수 있는 시간을 낭비한다면서 꾸짖었다. 그러나 기원후 77년, 대플리니우스는 《박물지》에서 고슴도치에 관심을 쏟아 자연사에서 가장 사랑스러운 신화를 탄생시켰다. '고슴도치는 겨우내 먹을 식량을 준비하기 위해 바닥에 떨어진 사과 위로 몸을 굴려 가시에 꽂고 입에 하나 더 물고서 속이 빈 나무로 가져간다.' 여기에서 착안한 이시도루스 히스팔렌시스 대주교는 고슴도치가 가시에 포도를 꽂아서 새끼에게 가져다준다고 주장했다. 1867년에 찰스 다윈은 확실한 소식통으로부터 스페인 산맥에서 고슴도치가 '가시에 적어도 십수 개의 딸기를 꽂은 채로 총총 걸어서 조용한 구멍에 가져간 다음 마음 편하게 먹는 장면이 목격되었다'고 들었다고 썼다.

야생의 사건에 대해 난무한 가짜 진실 중에서도 이것만큼 사실이기를 바라게 되는 것도 없는 것 같다. 사실 고슴도치는 열매를 먹지 않는다. 평소 딱정벌레, 지렁이, 알, 작은 사체를 먹고살며, 겨울을 위해 식량을 쟁여놓거나 가시를 칵테일 꼬치로 사용했다는 기록은 없다. 그러나 그게 아니더라도 고슴도치는 인간 역사에서 그들이 차지한 자리 때문에, 놀라운 생존 기술 때문에, 섬세하고 박식해 보이는 아름다움 때문에 놀라운 동물이다. 고슴도치의 몸은 약 600개의 속이 빈 가시로 둘러싸여 있는데, 가시 밑부분은 도토리의 갈색이고, 검은 선이 위로 올라가다가 끝에서 하얗게 바뀐다. 위협을 받으면 몸을 굴려서 공 모양이 되는데 오소리와 인간을 제외한 나머지 동물들이 그 앞에서 돌아선다. 대플리니우스는 뜨거운 물을 슬슬 뿌리면 고슴도치가 다시 몸을 펴게 만들 수 있다고 썼다. 고슴도치 식단에 대한 그의 기록은 틀렸지만 이 점은 사실인 것 같다.

아리스토텔레스는 짝짓기 중인 고슴도치가 상대의 가시를 피하기 위해서 뒷발로 서서 배와 배를 마주 대고 교미한다고 주장했다. 그러나 과정이 좀 힘겨울 뿐 고슴도치도 네 발 달린 다른 포유류와 똑같이 교미한다. 암컷이 짝짓기 중에 떠나려고 하면 수컷은 뒷다리로 서서 힘겹게 따라잡으며 가시 돋친 등에서 주르륵 내려오는 일이 드물지 않다. 그래서 이런 옛 농담이 있다. '고슴도치는 어떻게 교미할까?' '극도로 신중하고 용의주도하게.' 32일의 임신 기간이 끝나고 태어난 고슴도치 새끼는 아주 부드럽고 붉은 기가 도는 분홍색이다. 가시 위로 얇은 피부막이 덮여 있는 채로 태어나지만 금세 가시가 막을 뚫고 나오기 시작한다. 10일이 지나면 새끼 고슴도치는 몸을 굴려 공이 되는 법을 배운다. 14일이 지나 눈을 뜨고 나면, 공손하고 품위 있는 호기심이 가득한 전혀 다른 외모가 된다.

고슴도치는 고대의 동물로 인간이 아직 대유인원 상태이던 1500만 년 전부터 같은 모습을 유지해왔다. 하지만 고슴도치(hedgehog)라는 이름은 최근의 발명품이다. 중세 영어로는 'irchouns'(라틴어로 수비에 쓰이는 뾰족한 군사용 막대를 뜻하는 'ericius') 또는 성게라고 불렀다. 중세 시대 요리책에 나오는 'hirchone'은 다진 돼지고기를 사프란과 섞어 둥글게 빚은 다음, 아몬드 조각을 가시처럼 박아 넣은 일종의 카나페인데 놀라울 정도로 1970년대식 요리를 연상시킨다. 셰익스피어의 《템페스트》에서 프로스페로가 칼리반에게 '성게로 하여금 긴긴밤 내내 오로지 너를 찌르는 일만 매진하게 하리라'라며 협박했을 때 그는 사실 고슴도치 떼가 칼리반의 몸에 들러붙어 괴롭히는 일을 상상했다. 그렇다면 우리가 아는 바다 생물인 성게는 고슴도치에서 그 이름이 유래한 것이다.

인간은 역사 속에서 꾸준히 고슴도치에게 의존해왔다. 우화에 고슴도치를 등장시켰을 뿐 아니라 고통을 치료하는 데 사용했다. 1693년에 의사 윌리엄 샐먼(William Salmon)은 대머리 치료법을 고안했다면서 고슴도치의 지방을 곰의 지방과 섞어서 두피에 바르라고 했다. 그래도 안 되면 고슴도치의 똥이 비슷한 효과를 가져올 것이라고 했다. 이런 생각을 한 것은 새먼이 처음은 아니다. 기원전 1550년, 고대 이집트의 의서 《에버스 파피루스(Ebers Papyrus)》에서는 고슴도치 모양의 부적을 사용하면 머리숱이 적어지는 것을 방지할 수 있다고 적혀 있다. 지난 2000년간 고슴도치의 가죽과 가시는 치통, 신장 결석, 설사, 구토, 고열, 난청, 요로 감염, 나병, 상피병, 그리고 빈번하게 발기부전에 쓰였다. 라트비아 민담에서 고슴도치는 재생과 번식력의 상징이다. 라트비아의 전통적인 결혼식 축가는 신부를 '암고슴도치', 기혼 여성을 '고슴도치의 어머니'라고 부른다.

인간이 고슴도치를 약으로만 먹은 것은 아니다. 로마의 가정집에서는 고슴도치를 점토 안에 넣고 불에 구운 다음 식으면 점토를 깨서 가시를 제거하고 조리하는데, 이 요리를 호치-위치(hotchy-witchy)라고 불렀다. 1393년에 출판된 《파리의 살림살이(Le Ménagier de Paris)》에서는 '고슴도치의 목을 잘라 불에 그을리고 내장을 제거한 후, 영계처럼 줄로 묶고 물기가 사라질 때까지 수건에 대고 누른다. 그런 다음 구워서 카멀린 소스(cameline sauce, 빵, 와인, 식초, 계피, 생각이 들어간 소스), 또는 야생 오리 소스를 곁들인 페이스트리 안에 넣어 먹는다'라고 적혀 있다. 고슴도치를 잡아서 먹어본 친구가 있는데 거식증 걸린 토끼 맛이라고 했다.

고슴도치는 세계 대부분 지역에서 보호종으로 지정되었지만, 여전히 우리는 이들을 그냥 내버려두지 못해서 안달이다. 도쿄에 있는 고슴도치 카페에서는 고슴도치에게 모자를 씌우고 핸드백을 메게 한 다음 사진을 찍는다. 나도 가본 적이 있는데 비록 관리자가 조심스럽게 다루기는 했지만, 펠트 보닛을 쓴 고슴도치가 마냥 행복해 보이지는 않았다.

영국에서 고슴도치는 모자나 장신구 없이 살아가지만 수십 년째 수가 줄고 있다. 생울타리를 베어내는 바람에 땅을 덮는 식생이 사라지고 사방이 뚫리게 되면서, 또 빈번한 교통사고가 감소 원인의 하나다. 대량으로 뿌려지는 살충제와 지구 온난화로 고슴도치의 먹이인 곤충이 사라지는 것도 큰 문제다. 울타리에 작은 틈을 만들어 고슴도치들이 지나다닐 수 있는 고슴도치 친화적 정원을 만들겠다고 약속한 사람들이 수만 명이 넘지만, 현재 고슴도치 수는 1950년대에 영국에서 방랑하던 3,000만 마리에서 97퍼센트가 감소한 백만 마리에 불과하다. 3,000만 마리는 현재 영국에 날아다니는 비둘기보다 훨씬 많은 수로 우리 부모님이 어렸을 때는 이 가시 돋친 아름다움이 어디에나 흔하게 있었다.

2015년에 토리당 의원 로리 스튜어트는 (대체로 텅 빈) 하원에서 고슴도치 이야기로만 13분간 열정적으로 연설했다. 스튜어트에 따르면 1566년 이후로 의회에서 고슴도치가 논의된 것은 처음이었다. (스튜어트의 말이 백퍼센트 정확한 것은 아니다. 1650년대에 리처드 온슬로 경이 찰스 1세의 외교 정책을 맹공격하면서 지나가는 말로 고슴도치처럼 '자신을 강모로 감싼 것 같다'고 비유한 적이 있다.) 1566년 의회에서는 고슴도치 한 마리당 2펜스의 포상금이 책정되었다. 농부들이 밤마다 고슴도치가 소젖을 빨아먹는다고 불평했기 때문이다. 그 결과 200만 마리가 사냥되었다.

이 역시 오해로 인한 실책이다. 고슴도치는 우유를 훔쳐 먹기는커녕 유당 불내성이 있어 잘못하면 죽을 수도 있다. 곤충과 물을 좋아하는 동물이라 빅토리아 시대의 주방에서는 바퀴벌레를 없애는 해충 제거용으로 고슴도치를 키우기도 했다. 고슴도치는 강인함과 연약함이 묘하게 뒤섞여 있다. 대부분의 뱀독에는 끄떡도 하지 않지만, '풍선 증후군(Balloon Syndrome)'이라는 희한한 질병으로 고생한다. 기관(氣管) 끝에 있는 성문(聲門)은 원래 열렸다 닫혔다 하는데, 문제가 생겨 닫힌 채로 고정되면 공기가 빠져나가지 못해 몸이 평소의 두 배로 부풀어 오른다. 그러면 풍선처럼 구멍을 뚫고 공기를 빼내야 한다. 가을에는 모닥불 장작더미에서 지내다가 11월 5일 가이 포크스의 밤에 산 채로 화장되는 고슴도치도 있다.

만약 고슴도치가 요세미티 국립공원이나 오카방고 삼각주에서만 서식하는 낯선 동물이었다면 사람들은 그 사랑스러운 모습을 보려고 수천 킬로미터를 날아갔을 것이다. 지금은 힘든 시기이고 세상은 이미 불길에 타오르고 있다. 우리가 할 수 있는 가장 작은 일은 세상에서 가장 뾰족하지만 온순한 생물이 불에 타지 않게 막는 것이다.

The Elephant

코끼리

1870년, 프로이센 군대가 파리를 포위했다. 하지만 파리의 저항은 만만치 않았다. 그래서 빌헬름 1세의 프로이센군은 전투 대신 도시를 봉쇄해 시민들을 굶겨서 항복시키는 방법을 택했다. 그러나 굶주림에 절박해진 파리 시민은 상상을 초월하는 창의력을 발휘했다. 훈제하여 향신료를 뿌린 쥐는 2프랑, 고양이는 12프랑에 팔렸다. 오스만 가에 위치한 부슈리 앙글레즈라는 고급 식료품점에서는 급기야 동물원의 코끼리에 눈독을 들였다. 거래가 성사되었다. 수컷 코끼리 폴뤽스와 카스토르가 2만 7,000프랑에 팔렸다. 코끼리를 도살한 경험이 있는 사람은 없었으므로 사수가 동원되어 강철로 된 폭발성 총알로 코끼리를 쏘아서 죽였다. 가죽을 벗기고 손질한 고기는 파리의 최상위 부유층에게 말도 안 되는 가격에 팔렸다. 영국 정치가이자 극장주이고 《포위된 파리 시민의 일지(Diary of the Besieged Resident in Paris)》의 저자인 앙리 라부셰르(Henry Labouchère)가 다음과 같이 썼다. '어제 저녁에 폴뤽스 고기를 먹었다. 폴뤽스와 카스토르는 도축된 형제 코끼리다. 고기는 질기고, 뻣뻣하고, 기름졌다. 소고기나 양고기를 구할 수 있는 상황이라면 영국인들에게 굳이 코끼리 고기를 추천할 생각은 없다.'

폴뤽스와 카스토르의 코는 가장 부드럽고 맛있는 부위라고 하여 1파운드에 40프랑이라는 고가에 팔렸다. 코끼리 코를 먹은 아사 직전의 시민들은 자기가 얼마나 경이로운 것을 먹었는지 모를 것이다. 코끼리의 코는 윗입술과 코가 융합된 상태이며 4만 개의 근육으로 구성되었다(인간의 몸에는 약 650개의 근육이 있다). 거추장스러워 보이는 이 독특한 부속물은 소유자의 침착하고 확실한 통제하에 있다. 아프리카코끼리는 이 코로 가느다란 풀 한 포기를 뽑을 수 있고, 350킬로그램을 들어 올릴 수 있고, 사람을 공중에 날려버릴 수도 있다. 2,000개나 되는 후각 수용기(블러드하운드는 고작 800개에 불과하다)로 3킬로미터 밖에 있는 물 냄새를 맡는다. 앙골라에서는 아프리카코끼리를 훈련하여 냄새로 지뢰를 찾게 했다. 깊은 강에서는 코를 스노클처럼 사용해 코끝을 조심스럽게 위로 들어 올리고 헤엄친다. 겁을 먹었거나 흥분했거나 싸우고 싶어서 안달이 났을 때 야성적인 트럼펫 소리를 내는 것도 코다.

그러나 사실 코끼리가 내는 가장 놀라운 소리는 코에서 나지 않는다. 코끼리는 인간의 귀로 들을 수 없는 낮은 소리로 소통하는 아주 희귀한 동물 집단이다(같은 능력이 있는 동물 중에서 고래가 가장 유명하다). 주파수가 낮은 소리일수록 더 멀리 이동하는데, 코끼리가 거대한 후두로 내는 초저음(超低音)은 10킬로미터나 떨어진 곳에 있는 다른 코끼리가 들을 수 있다. 이들은 또한 땅을 통해 전달되는 초저음을 낼 수 있다. 이 소리는 수백 킬로미터 밖에서도 발로 느낄 수 있으므로 짝짓기 철이면 코끼리들은 아주 멀리 떨어져 있어도 서로의 위치를 찾을 수 있다. 우리 눈에는 수심에 잠겨 침묵하는 것처럼 보이는 코끼리가 실은 야생에서 진화한 전신 시스템으로 포식자, 물, 이성에 관한 정보를 교환하고 있는 것이다.

코는 코끼리에게 가장 취약한 부위이기도 하다. 기원후 77년쯤부터 인간은 코끼리가 생쥐를 무서워한다고 믿었는데, 생쥐가 코를 타고 올라가 그 안에서 자리를 잡고 살 수 있다는 게 이유였다. 1601년에 존 던은 사악한 생쥐가 코끼리 콧속으로 기어 올라가서 결국에는 뇌를 갉아먹었다는 시를 썼다.

자연의 위대한 걸작, 코끼리.

(그 덩치로는 유일하게 해롭지 않은) 야수들의 거인...

그 근육질 코에 쥐새끼 한 마리가 들어가

방대한 저택을 방마다 조사하는 동안

그저 지켜볼 수밖에 없었다.

생쥐는 끝내 영혼의 침실인 뇌까지 기어들어가

그의 생명줄을 갉아먹었다.

마을 전체가 송두리째 사라진 것처럼

살해된 짐승은 그대로 쓰러지고 말았다.

하지만 실제로 코끼리는 빛이 흐린 곳에서 갑자기 나타나지 않는 한, 쥐 따위는 무서워하지 않는다. 하지만 벌은 다르다. 코끼리는 벌을 보면 기겁한다. 콧속에 들어가 연한 살 조직에 침을 쏘기 때문이다. 벌 떼를 보고 놀라 귀를 펄럭이고 분노와 고통의 트럼펫을 불며 도망치는 코끼리가 목격된 적이 있다. 이런 두려움을 이용해 최근 일부 남아프리카 국가에서 시도한 코끼리 퇴치법이 성공을 거두었다. 그 지역에서 코끼리는 작물 경작에 피해를 주는 성가신 존재로 코끼리와 인간의 충돌이 빈번했다. 하지만 경작지 둘레에 벌집을 설치했더니 벌이 보초병의 임무를 제대로 수행하여 코끼리는 발길을 돌렸고, 일석이조로 꿀까지 얻었다.

대플리니우스는 그다지 감상적인 사람은 아니었지만, 코끼리가 자연계에서 가장 다정한 생물이라고 믿었다. '이 동물은 타고난 온화한 성품으로 자기보다 약한 것들을 배려한다. 양 떼를 만나면 혹여 실수로 밟아 죽일까 앞을 가로막는 양들을 코로 슬슬 밀어낸다.' 이 가설에도 진실은 있다. 코끼리는 모계 사회를 이루며, 밖에 나갔다가 무리에 돌아온 코끼리들을 즐거운 코웃음과 함께 서로의 코를 휘감는 포옹 의식으로 맞이한다. 죽은 코끼리의 뼈를 지날 때면 두개골과 엄니에 자기 코와 발을 가볍게 대면서 인사한다. 코끼리는 무리에서 죽은 일원을 묻는다고 알려졌다. 모두 함께 색이 선명한 잎과 흙으로 덮고 사체 주위를 꽃와 열매로 장식한다.

지상에 커다란 코끼리만큼 큰 짐승은 없다. 기록된 가장 큰 개체가 앙골라의 아프리카코끼리 수컷인데 서 있을 때 어깨까지의 높이가 4미터이고 몸무게가 1만 1,000킬로그램이다. 이 정도 무게면 쓰레기 수거 트럭과 맞먹고, 그 힘으로 자판기나 그랜드 피아노도 거뜬히 들어 올린다. 아시아코끼리는 이마 가운데가 움푹 파이고 양쪽으로 볼록하게 튀어나온 것이 특징이고 온순해서 다루기 쉬운 편이다. 코끼리치고는 몸집이 작지만 여전히 엄청난 거인이다. 수컷이 섰을 때의 평균 키가 2.7미터로 세상에서 가장 큰 인간 남성인 로버트 워들로와 눈을 마주 볼 수 있다. 보르네오코끼리는 아시아코끼리의 아종인데 현지에서는 피그미코끼리라고 불린다. 보르네오섬 북부 지역에만 서식하며 피그미라는 말이 붙기는 했어도 실제로는 본토의 아시아코끼리보다 약 30퍼센트 더 작을 뿐이다. 다만 둥근 얼굴과 짧은 코에 어울리지 않게 큰 귀 때문에 몸이 날렵한 미니어처 코끼리의 이미지를 준다. 꼬리가 너무 길어서 땅에 질질 끌리므로 흙먼지 속에서 지나간 자리에 흔들거리는 선을 남긴다. 마치 그들의 발자취를 뒤쫓는 아주 긴 화살표 같다. 코끼리, 이쪽으로 갔음.

이 작은 코끼리가 어디에서 왔는지 정확히 아는 사람은 없다. 18세기에 술루 술탄국이 보르네오섬에 들여온 후 크기가 작은 개체를 선별적으로 번식한 코끼리 품종의 후손이라는 설이 오랫동안 있었다. 본토의 코끼리보다 순하고 호기심도 많고 탐구적이라 과거에는 사람들과 조화를 이루며 살았다는 증거로 제시된다. 그러나 이 후피동물도 인간이 함부로 숲을 헤집고 다니는 것을 좋아하지 않았다. 현지 사냥꾼이 더 작은 동물을 잡기 위해 놓은 덫을 보는 족족 철저히 밟아버린다.

최근에 실시된 유전자 분석은 보르네오코끼리가 술탄국 사람들보다 훨씬 먼저 이 섬에 도착했다고 제시한다. 홍적세 빙하기에 아시아 본토와 보르네오섬 사이에 육교가 형성되면서 코끼리가 건너갔을 가능성이 크다. 얼음이 녹고 다시 바다가 길을 막자 그들은 홀로 섬을 지배하기 시작했다. 30만 년간 보르네오코끼리는 그 섬에서 가장 큰 포유류였다. 여름철에는 서로 몸에 진흙을 자외선 차단제처럼 발라주어 보르네오의 열기에 적응했다. 그러나 인간이 야자유 플랜테이션을 세우면서 숲이 망가지고 서식지가 황폐해지자 코끼리들도 어쩔 수 없이 인간이 사는 지역으로 다가갔고, 그러면서 작물을 짓밟고 사람들의 생계를 위협했다. 사람과 코끼리가 충돌하면서 양쪽에서 매년 수백의 사상자가 발생했다.

현재로서 인간은 코끼리의 좋은 이웃이 전혀 아니다. 남아 있는 코끼리 수가 여유 있게 계산해도 1,500마리밖에 안 되기 때문이다. 상아, 가죽, 털, 고기를 얻기 위한 밀렵, 그리고 개간되지 않은 초록 공간이 계속해서 침범되면서 이들의 수가 회복될 일이 요원하다. 한때 그곳을 아름답게 채우던 동물이 이제는 드문드문 흩어져 나타날 뿐이다. 이들은 훨씬 더 큰 난관의 희생자이니, 그건 한 종으로서 인간이 '되돌릴 수 없는 상황'에 대처하지 않는다는 사실이다.

가네샤(Ganesha)는 코끼리 머리의 힌두교 신으로 성스러운 장애물 해결사이며 눈부시게 아름다운 시작의 신이다. 한 신화에 따르면 가네샤는 위대한 여신 파르바티가 직접 창조했다. 파르바티는 자신이 목욕하는 동안 누구도 방해하지 못하게 강황 반죽과 자신의 팔을 문질러 나온 각질을 섞어 아이 하나를 빚어놓고는 방 바깥에서 지키게 했다. 하루는 남편인 시바 신이 파르바티의 방에 들어가려고 하자 가네샤가 명을 받들어 앞을 가로막았다. 성이 난 시바가 가네샤의 머리를 내리쳐서 죽였다. 상심과 분노에 찬 파르바티는 시바에게 역정을 내며 자신의 아이를 다시 살려놓으라고 했다. 그는 사과의 뜻으로 부하를 보내 처음으로 만나는 생물의 머리를 가져오게 했는데 그게 하필 코끼리였다.

가네샤는 지혜의 신이기도 하다. 현자 바샤(Vyasa)와 협정을 맺고 위대한 서사시 《마하바라타(Mahabharata)》를 필사한 것이 그였다. 시간을 절약하기 위해 바샤가 시구를 불러주면 가네샤가 그 자리에서 받아적었다. 3년간 한순간도 쉬지 않고 필사가 계속되었다. 그러나 이 서사시가 거의 완성될 무렵, 가네샤의 깃털 펜이 부러졌다. 그는 멈추지 않고 바로 제 엄니를 부러뜨린 다음 잉크를 찍어 계속 글을 받아 적었다. 이렇듯 그는 예술과 과학의 수호자다. 한쪽 엄니가 부러진 초상화 속 코끼리 머리의 신은 배움과 그것이 가져오는 희망에 경의를 표한다. 이 두 가지는 곧 다가올 험난한 세상에서 수없이 요청하게 될 거추장스러운 특징이 될 것이다.

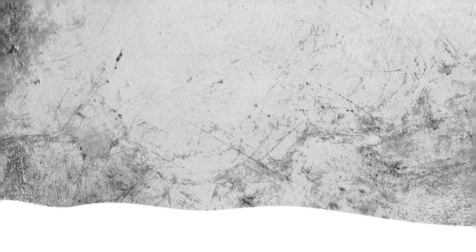

The Seahorse
해마

포세이돈의 행차는 꽤나 볼 만했다. 그가 탄 수중 전차 양편으로 님프들이 호위하는데 호메로스의 말이 맞는다면 그 수가 최대 33명, 헤시오도스의 말이 맞는다면 최대 50명이나 된다. 앞에서 전차를 끄는 것은 해마 무리였다. 비길리우스(Virgil)는 넵튠의 해마에 관해 이렇게 썼다.

> 그가 비늘 달린 준마를 끌고 가서 승리를 거두는 곳에서는
> 파도가 가라앉고 바다는 진정한다.

영국의 시인이자 죽음에 관한 경쾌한 서정시를 쓴 로버트 헤릭(Robert Herrick)은 해마를 이상적인 영웅의 애마로 그렸다.

> 저자를 내게 주시오.
> 용맹스럽게 저 활달한 해마를 타고
> 자랑스럽게 저 거대한 물의 들판을 달리는 자를.

저 자는 생김새만으로도

나부끼는 바람과 사나운 바다를 달랠 수 있소.

고대 그리스 어부들은 그물에 걸린 해마를 풀어주면서 포세이돈의 어린 준마를 잡았다고 믿었다. 세계에서 가장 큰 빅벨리해마(big-belly seahorse)는 실제로 길이가 30센티미터나 되고 피차 허락한다면 인간의 아기를 태울 수 있다. 가장 작은 사토미피그미해마(Satomi's pygmy seahorse)는 길이가 고작 13밀리미터로 엄지손가락 첫 마디로도 다 덮지 못한다. 그러나 크기와 상관없이 모든 해마는 신의 완벽한 탈것 이상이다. 신은 인간의 경외를 갈망하고, 해마는 처음부터 끝까지 경이로움 그 자체이기 때문이다.

해마는 동물의 왕국에서 수컷이 새끼를 낳는 유일한 종이다. 암컷이 수컷의 배 주머니에 알을 낳는데, 그 과정은 우편함을 좀 더 사적인 용도로 사용하는 것과 같다. 수컷은 주머니 속 알을 수정시키고 2~6주 동안 안전하게 품는다. 수컷의 출산 과정은 승리에 찬 광경이면서도 당황스럽다. 분만이라기보다는 색종이 폭죽을 터트리는 장면에 더 가깝다고 할까. 아비가 마치 재채기하듯 몸에 경련을 일으키면 자궁 꼭대기에 열린 출구로 최대 1,500마리의 앙증맞은 새끼 해마들이 뿜어져 나온다. 아비는 구름 떼처럼 모여 있는 자식들 사이에서 홀연히 모습을 감춘다. 이 새끼들 중에서 살아남아 무사히 성체가 되는 것은 0.5퍼센트도 채 되지 않는다. 수컷이 임신을 전담하는 것도 그런 이유일 것이다. 암컷은 이내 다시 알을 만들기 시작해 번식기에 수컷이 더 많이 임신하게 하는데, 그래야 더 많은 치어가 만들어지고 살아남는 자손의 수도 늘기 때문이다.

많은 해마가 죽을 때까지 한 배우자와 짝을 짓고 살아간다. 파도와 흔들리는 식물 한복판에서 해마를 찾기는 어렵다. 이들의 뛰어난 위장술은 암수가 서로의 눈에도 잘 보이지 않는다는 뜻이다. 끊임없이 움직이는 바다에서 빠르고 정확하게 이동하기 어려운 여건과 맞물려 짝을 찾는 과정이 극도로 힘들기 때문에 이들은 대신 한 번 맺은 인연에 충실함으로써 더 많이 임신하고 번식 성공의 기회를 높인다. 평생 해로하는 이들의 관계가 사실 생각만큼 낭만적이지는 않다고 느꼈을지도 모르겠다. 하지만 이건 어떤가. 짝지은 암수는 매일 아침 수컷의 영토에서 만나 춤을 춘다. 이들은 서로에게 가까워질 때면 눈에 잘 띄지 않는 평소의 위장색에서 벗어나 갈색에서 흰색으로, 흰색에서 노란색으로 점차 선명해진다. 해마는 피부에 액체 색소가 들어 있는 색소포

(chromatophore)가 박혀 있다. 이 작은 세포를 수축하거나 확장하여 여러 가지 색깔을 다양한 농도로 나타낸다. 해마의 몸은 마치 색깔 오르간을 연주하듯이 주황색, 분홍색, 빨간색으로 변한다. 암수는 예쁜 옷을 차려입고 서로를 향해 원을 그리고, 수컷은 암컷 주위에서 몸을 비틀어 꼬리가 서로 얽힌다. 이들은 움직이면서 서로에게 딸각거리는 소리를 낸다(해마는 두 종류의 소리를 낼 수 있는데, 나머지 하나는 위협을 받을 때 목 아래에서 미세하게 그르렁거리는 소리로, 너무 작아서 인간의 귀에는 들리지 않는다). 오전의 무도를 마치면 암컷은 자기 영역으로 돌아가 있다가 다음 날 아침 다시 만나서 춤을 춘다. 은둔형 작가에게든, 인간을 혐오하는 작가에게든 해마 암수의 결혼 생활은 더없이 이상적인 소재이다.

해마는 분류학적으로 어류에 속한다. 하지만 그렇게 따지면 상어도 어류이므로 그 사실만으로는 해마에 대해 알 수 있는 게 없다. 상어와 달리 해마는 연약하기 짝이 없는 물고기다. 물살에 이리저리 휩쓸리며 등에 달린 지느러미 하나에 의지해 앞으로 나아간다. 눈 뒤쪽에 달린 두 개의 작은 가슴 지느러미는 방향만 잡는다. 등지느러미가 앞뒤로 1초에 50번씩 요동치지만 진이 빠질 정도로 진행은 느리다. 롤러스케이트를 신고 선 채로 유엔이 발간한 무시무시한 〈생물다양성 및 생태계 서비스에 관한 전 지구 평가 보고서〉를 앞뒤로 휘저어서 앞으로 나아가려는 것에나 비유할 수 있다. 또한 이 연약한 생명체는 폭풍이라도 불면 이리저리 내쳐지고 휘둘리다 목숨을 잃는다. 해마의 삶이 쉬울 수 없는 한 가지 이유가 또 있다. 해마한테는 위가 없다. 그래서 죽지 않으려면 거의 쉬지 않고 먹어야 한다.

해마는 실고깃과(Syngnathidae)에 속한다. 그리스어로 '함께'라는 뜻의 'syn', '턱'이라는 뜻의 'gnathos'에서 유래한 과명이다. 턱이 합쳐졌으니 음식을 씹지 못하는 것이 당연하다. 대신 긴 주둥이로 플랑크톤과 작은 갑각류를 흡입하듯 먹는다. 해마의 특이한 생김새는 아주 오래전에 지구에서 일어난 지각 변동으로 설명할 수 있다. 이때 얕은 바다가 생겼는데 그곳에서 해초의 '초원'이 번성했다. 해마는 지렁이처럼 생긴 매력 없는 실고기가 고도로 진화한 버전이다. 태양을 향해 수직으로 자라는 해초가 수중초원을 누비는 실고기 같은 수영 선수의 자세를 오랜 시간에 걸쳐 수평에서 수직으로 바꾸었는지도 모른다. 이들은 한없이 연약하지만 무척이나 정교하게 진화했다. 해마 꼬리는 힘과 유연성이 좋아서 쉬는 동안 산호나 해초 뿌리에 자신을 고정할 수 있고, 이동이 필요할 때는 물속을 떠다니는 식생에 무임승차하여 혼자서는 엄두도 낼 수 없는 위험천만한 속도로 움직일 수 있다.

해마의 생김새는 어딘가 신화적인 면이 있다. 나뭇잎해룡(leafy seadragon)은 이름 그대로 자기가 숨어 지내는 해초의 모습과 완벽하게 일치한 형태로 진화했다. 동태평양해마(Pacific seahorse)는 황금색에서 고동색으로 변할 수 있는데, 이처럼 몸의 색을 바꾸는 능력 때문에 해마의 정확한 종수를 파악하기가 어렵다. 어떤 학자들은 전 세계에 200종의 해마가 있다고 주장하고, 또 누군가는 수십 종에 불과하다고 한다. 대체로 47종의 해마가 있다고 여겨지지만, 대부분 조만간 소멸할지도 모른다. 저 중에서 12종은 취약종이고 17종은 데이터 부족이며 2종은 멸종 위기종으로 등록되었다. 전 세계적으로 개체 수는 줄고 있다. 필리핀에서는 10년 동안 과거의 4분의 3에 가까운 해마 개체군이 사라졌다. 해마는 다른 물고기를 잡으려고 바다에 내린 저인망에 걸려 올라왔다가 그대로 버려지거나 말려서 중국이나 대만 시장에 팔린다. 두 나라에서는 해마가 약재로 사용된 역사가 2000년이 넘으며, 지금도 매년 2,000만 마리가 소비된다. 또한 저인망 어업은 바다 밑바닥을 들쑤셔 해마의 터전을 초토화한다. 저인망 어업이 조속한 법 제정으로 불법화되기 전까지 우리는 무분별한 어획 방식으로 잡힌 수산물을 거부해야 한다. 당장 눈에 보이지 않지만 더욱 치명적인 것은 해수의 온도가 빠르게 상승하면서 시원한 물로 빨리 옮겨가지 못한 해마들이 대량으로 폐사할 위험이다. 대부분의 해마가 2050년에는 정말로 신화 속 존재가 될 가능성이 매우 높다.

우리는 경이의 세계에 살고 있다. 아침에 일어나 바지를 입을 때마다 해마를 기억하고 경외의 탄성을 지르며 잠이 드는 순간까지 멈추지 말아야 한다. 그리고 다음 날, 또 그다음 날에도 계속해야 한다. 해마 한 마리 한 마리에 인류 전체가 탄복할 경이로움이 있다. 관심 어린 시선을 보내기만 한다면 보일 것이다.

The Pangolin

천산갑

첫눈에 반한다는 말 같은 것은 믿지 않았다. 예외가 있다는 걸 알게 해준 것이 천산갑이다. 천산갑이 있는 곳까지 가는 길은 힘겨웠으나 그게 당연하다고 생각했다. 이렇게 대단한 존재를 그냥 쉽게 만날 수는 없으니. 이 암천산갑은 짐바브웨의 수도 하라레 외곽 야생동물 보전 구역 안에 살고 있었다. 하라레의 도로는 수년 동안 크게 손상되어 상태가 좋지 못했다. 파손된 구간은 집 짓는 벽돌로 대충 메웠고 비가 오면 길 한복판에 생긴 물웅덩이에서 그레이트데인(greatdane)을 목욕시킬 수도 있을 것 같았다. 도로 표지판들도 도난당한 지 오래다. 출처가 불분명한 소문이긴 하지만 훔쳐간 표지판들은 2008년 콜레라 대유행 시기에 관의 손잡이로 쓰였다고 했다. 그저 모든 걸 운에 맡기고 감에 따라 운전하는 수밖에 없었다. 길가에 자란 분홍-보라의 부겐빌레아가 신호등을 가렸다.

천산갑은 즐겨 먹는 먹이 때문에 비늘 달린 개미핥기로 알려졌다. 몸 전체가 비늘로 덮인 유일한 포유류지만 그 비늘이 겨울철 바다 같은 회녹색이고 유달리 점잖은 학자의 얼굴을 한 동물이라는 건 잘 알려지지 않았다. 천산갑의 혀는 몸보다 길고 몸속 깊이 엉덩이까지 내려가는 주머니 안에 깔끔하게 돌돌 말려 보관된다. 천산갑(pangolin)이라는 이름은 말레이어로 '굴림대'라는 뜻의 'penggulung'에서 왔다. 위협을 받으면 몸을 완벽한 공 모양으로 말아버리는데, 그걸 뚫는 동물은 없다. 다만 인간에게는 그 방어 매커니즘이 되려 천산갑을 만만한 먹잇감으로 만들었다. 이보다 들고 다니기 좋게 포장된 식품은 또 없을 테니까.

탄자니아 서남부의 상구족은 천산갑의 출현을 큰 사건으로 여긴다. 민담에 따르면 천산갑은 조상이 보낸 동물로 하늘에서 떨어져 처음 만난 사람을 집까지 따라간다고 한다. 천산갑이 집안에 들어가면 모두 예를 갖추고 조심스럽게 맞이한다. 천산갑에 검은 가운을 입히고 양 한 마리를 잡고 노래와 춤으로 의식을 마친다. 이때 천산갑 역시 뒷다리로 일어서서 춤을 춘다고 한다. 1950년대에는 천산갑을 죽여서 검은 천으로 감싸고 땅에 묻어 조상에게 돌려보내는 의식을 치렀다. 짐바브웨에서는 전통적으로 천산갑을 죽이지 못하게 했다. 천산갑은 순수하고 대단한 행운의 징조였고, 가정에서 어머니들은 아이들에게 천산갑이 흙에서 발견되는 사금의 원천이라고 알려주었다. 천산갑의 배설물을 말하는 것이다. 개미를 소화한 찌꺼기가 보물로 둔갑했다.

그러나 근래에 들어 짐바브웨의 시골 지역에서는 160만 명의 아이들이 빈곤에 시달리면서 천산갑이 가정의 수입원이 되었다. 오래전부터 하라레의 고속도로에는 천산갑 이미지와 함께 이런 문구가 새겨진 경고판이 줄지어 있다. '야생동물 거래는 범죄입니다. 아프리카는 모험의 땅입니다. 마음껏 즐기시되 망가뜨리지는 마십시오!' 이런 요구는 실천하기 어렵다. 사냥의 동기는 강하고 필요는 절박하여 천산갑은 현재 세계에서 가장 밀거래가 성행하는 동물이 되었다. 비늘은 중국 전통 의학에서 약재로 사용되고 고기는 고급 요리에 쓰인다. 구운 천산갑 고기는 산모의 젖이 잘 돌게 하고 혈액 순환을 개선한다고 알려졌다. 2007년 〈가디언(Guardian)〉지에서는 중국 광둥 지방의 한 요리사가 천산갑 요리를 준비하는 과정을 실었다.

산 채로 가두고 있다가 고객의 주문을 받은 즉시 조리에 들어간다. 망치로 머리를 내리쳐 의식을 잃게 하고 목을 베어 피를 뺀다. 숨은 천천히 끊어진다. 죽은 천산갑을 삶아서 비늘은 제거하고 고기를 발라내어 탕과 국을 포함한 각종 요리에 사용한다. 손님은 식사를 마치고 집에 가면서 따로 받아둔 피를 가져간다.

현존하는 총 8종의 천산갑 중에서 2종은 적색목록에 절멸 위급종으로 등록되었다. 베이징 세관은 중국으로 밀반입되는 천산갑 비늘 1톤을 적발했다. 비늘 1톤은 천산갑 1,660마리에 해당한다. 기막히고 암울하며 상상하기도 어렵다.

그러나 다행히 아직까지는 천산갑들이 야생에서 먹이를 찾고 짝짓기한다. 또 어떤 천산갑은 나무를 타고 오른다. 나무타기천산갑(African tree pangolin)은 긴 발톱과 물건을 잡을 수 있는 긴 꼬리 덕분에 가지가 없는 나무줄기도 마치 일요일 오후의 여유로운 산책로처럼 자연스럽게 오르내린다. 다리가 짧고 몸통이 땅 가까이 있어 중력의 부담을 받지 않는다. 다른 천산갑처럼 나무타기천산갑 새끼도 생후 한 달이면 어미의 등을 타고 올라가 꼬리 쪽에 매달려 나무 높이 올라간다. 잠을 잘 때면 새끼는 몸을 공처럼 말고 어미가 다시 자기 몸으로 감싼다. 천산갑 버전의 마트료시카 인형이다.

내가 만난 짐바브웨 천산갑에게는 전담 사육사가 있었다.

사육사가 천산갑과 함께 하루에 10시간씩 덤불을 지나 개미 집과 흰개미탑을 찾아 걸어 다닌다. 천산갑은 목숨을 이어 가려면 1년에 대략 7,000만 마리의 곤충을 먹어야 한다. 이 동 거리가 길지 않으면 걷고, 먼 곳까지 갈 때는 사육사의 팔 에 안겨서, 또는 맞춤 제작된 배낭에 실려서 간다. 사육사가 천산갑의 걸음걸이를 보여주려고 땅바닥에 내려놓았다. 천 산갑은 두 앞다리를 들어서 긴 발톱을 얌전히 모은 채 뒷다 리만으로 움직인다. 좌불안석하여 손가락을 가만 두지 못하 는 모양새다. 사육사에게 돌아오더니 어깨에 더 쉽게 올릴 수 있게 신발 위에 뒷다리 하나를 척 하고 얹었다. 이런 광경 은 처음이었다. 이 동물을 보고 있으니 다이아몬드나 루비, 손목에 찬 롤렉스 시계의 아름다움이 가짜 같다는 느낌이 들었다. 짐바브웨에서는 허가 없이 천산갑을 소유하면 9년 의 징역형에 처해진다니 정말 다행이다.

천산갑은 이 몰락한 구세계의 그 어떤 것보다 아름답다. 마 치 인류에 의해 타락한 세상 이전에 속한 것 같다. 실제로도 인간의 600만 년과는 비교도 안 되는 8000만 년 전부터 존 재한 고대의 동물이다. 많은 것이 기원한 시기부터 이 땅에 머물렀기에 계속해서 존재를 유지할 권리가 있다. 이 오래 된 권리는 감히 반박해서도, 훼손해서도 안 될 것이다.

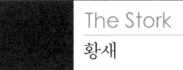

The Stork

황새

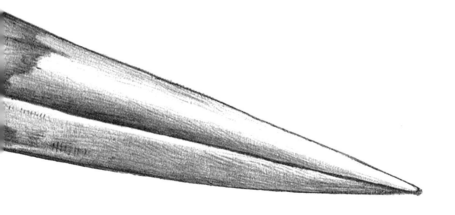

때는 전쟁이 한창이었고, 하늘에서 선전물이 비처럼 쏟아져 내렸다. 나치의 비행기는 유럽의 영국군 진영에 그들의 아내가 미국인 병사들과 잠자리를 한다고 자극하는 전단을 나체의 아내 사진과 함께 뿌렸다. 연합군 역시 추축국 야영지에 수소 풍선을 띄워 독일인의 무덤이 즐비한 들판의 사진을 날렸다. 그러나 비행기나 풍선이 갈 수 있는 지역은 한정되었다. 그래서 친위대 지도자 하인리히 힘러는 보어인의 지원을 받을 요량으로 남아프리카 공화국의 트란스발주까지 선전물을 보낼 전략을 계획하면서 과학자들에게 가을철에 남쪽으로 이동하는 황새를 써먹을 가능성을 검토하게 했다. 황새를 동원한 선전물 배포를 위한 시험이 시작되었으나 목표지에 고작 10장의 전단지를 보내는데 1,000마리가 필요하다는 결과가 나오자 계획은 무산되었다. 하지만 연합군 쪽의 시도는 좀 더 끈질겼던 모양이다. 1940년에 북트란스발주 어느 농장에서 발견된 죽은 황새 다리에는 나치가 점령한 네덜란드에서 저항군이 보낸 쪽지가 테이프로 감겨

있었다. '남아프리카의 형제들이여, 독일에 짓밟힌 이곳 베르헌옵좀 사람들의 삶은 지옥입니다.'

황새는 언제나 소중한 것을 운반하는 새였기에 사람들은 이 새를 사랑했다. 하지만 보자기에 싸인 아기가 황새 부리에 매달려 배달되는 까닭은 확실하지 않았다. 이 이야기는 황새가 봄의 낙원인 비라즈에서 아직 태어나지 않은 영혼을 땅으로 실어온다는 슬라브신화에서 기원했을 가능성이 있다. 혹은 약간의 오해가 있었는지도 모른다. 그리스신화에서 제우스의 아내 헤라가 피그미족 여왕 게라나를 다리와 부리가 긴 새로 바꿔버렸을 때 게라나는 자신의 아기를 구하기 위해 부리에 물고 도망갔다. 그러나 원래 신화에서 그 새는 황새가 아닌 두루미다. 가장 잘 알려진 황새 이야기는 한스 크리스티안 안데르센이 쓴 것으로 다소 파격적이다. 성질이 못된 어느 아이가 어린 황새들을 보고 놀려댔다. 복수를 원하는 새끼들에게 황새 어미가 말하길, '이 세상에 아직 태어나지 않은 모든 아기가 누워 우리 황새가 오길 기다리는 연못이 있단다… 너희들에게 무례하게 굴지 않은 아이들에게는 그들이 기다리던 남동생이나 여동생을 데려다줄 거야. 그런데 마침 그 연못에는 죽을 생각만 하다가 세상을 떠난 아기가 있어. 저 못된 아이에게는 그 아기를 갖다주자

꾸나. 그럼 아이는 슬피 울겠지. 우리가 죽은 남동생을 데리고 왔으니까.' 축하 카드에서 이 부분은 보통 삭제된다.

1822년에 황새는 새들이 겨울이 되면 어디론가 사라지는 미스터리를 풀어주었다. 철새의 이동은 고대로부터 조류학자들을 혼란에 빠뜨린 현상이었다. 아리스토텔레스는 황새가 나무 위에서 동면한다고 확신했다. 한편 딱새는 겨울에 울새로 변했다가 봄이면 다시 딱새가 된다고 추측했다. 웁살라 대주교 울라우스 마그누스(Olaus Magnus)도 잘 모르긴 마찬가지였다. 1555년에 그는 겨울이면 제비가 진흙투성이 호수 바닥에서 동면한다고 했다. 북아메리카 토착 민족은 벌새가 기러기 등에 히치하이킹을 한다고 믿었다. 호메로스는 매해 봄이면 두루미가 땅끝 나라로 가서 '피그미족'과 전쟁을 벌인다고 했다. 헤라가 피그미족의 여왕에게 함부로 한 것에 대한 복수전이다. 1694년에 과학자 찰스 모턴(Charles Morton)은 한치의 장난기 없이 황새는 제비, 두루미와 함께 달로 가서 겨울을 난다고 주장했다. 이처럼 온갖 가설이 난무하는 가운데 1822년에 한 황새가 목에 75센티미터짜리 창이 꿰뚫린 채로 어느 독일 마을에 도착한 것이다. 금속으로 만든 창끝이 새의 가슴을 뚫고 목 옆으로 빠져나와 있었다. 창의 출처를 확인했더니 중앙아프리카에서부터 날아온 새였다. 독일어로 화살 황새(Pfeilstorch)라고 부른 이 새는 모두가 기다리던 증거였다. 새들은 매년 세계의 절반을 날아갔다가 봄이면 다시 돌아온다. (사실은 동네 나무에 쉴 곳을 마련하고 겨울을 난다는 얘기보다 훨씬 동화 같고 현실성 없게 들린다.)

황새에 대한 많은 이야기가 사랑을 담고 있으며 지성과 영웅적 행위에 대한 과장된 경의의 표현이다. 황새는 조류계의 헤라클레스로서 크기가 큰 새에 속한다. 총 19종의 황새 중에서 가장 큰 종은 아프리카대머리황새(African marabou stork)인데 키가 1.5미터, 날개를 편 길이가 최대 3미터나 된다. 황새는 현명해 보이는 인상이다. 홍부리황새(white stork)는 눈 주위가 검은색이라 안경을 쓴 박식한 학자처럼 보인다. 1536년에 네덜란드 델프트시에 일어난 대형 화재로 도시의 절반이 타버린 일이 있었다. 당시 의사 하드리아누스 주니어스는 어미 황새가 사냥에서 돌아왔다가 둥지가 불길에 휩싸인 것을 보고 새끼를 꺼내려고 애를 썼으나 끝내 실패하자 자신의 몸으로 새끼를 감싸고 함께 타들어 가는 것을 보았다고 했다. 1820년에는 독일 켈브라라는 마을에서 화재가 일어났을 때 황새들이 불길을 잡았다는 보고가 올라왔다. 이 사실을 주장한 이는 오카리우스 데 루돌슈타트(Okarius de Rudolstadt)라는 사람으로 그를 '아는 이가 아무도 없고' 어쩌면 가상의 인물일지도 모르며 정작 불을 어떻게 껐는지는 말하지 않았다. 황새는 심지어 십자가형이 치러지는 장소에도 등장한다. 이 새는 대체로 조용한 편이지만, 스칸디나비아 민속 이야기에서는 황새가 십자가 위를 빙빙 돌며 있는 힘을 다해 'styrka, styrka!'(스웨덴말로 '힘을 내요!'라는 뜻)라고 외쳤다고 전해진다. 영어로 황새는 'stork'인데 두 언어의 어원이 비슷한 것으로 보인다.

황새에 대한 인류의 감탄은 감상적인 것과 미식적인 것 사이를 닥치는 대로, 또 파괴적으로 오간다. 현재 적어도 4종의 황새가 멸종 위기에 처했는데 모두 무분별한 사냥과 서식지 파괴 때문이다. 최근까지도 영국은 황새가 살지 않는 나라였다. 과거에 마지막으로 영국에서 태어난 황새가 1416년생이었고, 그로부터 무려 604년을 기다린 끝에 2020년 5월에 영국의 서식스주 호셤 근처의 넵 에스테이트에서 황새 재야생화 프로젝트로 도입된 100여 마리 가운데에서 새끼가 태어났다. 영국에서 황새가 소멸한 정확한 연유를 아는 사람은 없다. 황새가 공화국을 선호한다는 소문이 있으니 그렇다면 왕실에 탓을 돌려야 하겠지만, 그보다는 식용으로 사냥당했을 가능성이 더 크다. 왜가리, 두루미, 까마귀, 가마우지, 알락해오라기를 포함해 황새는 중세의 연회에서 사냥한 조류로 만든 '게임 파이(game pie)'의 재료로 많이 쓰였다. 유럽에서 17세기까지 황새는 거창한 저녁 만찬 장식의 일부였다. 이 식탁에는 금박을 입힌 요리, 종이 모자를 쓰고 돼지 등에 기수처럼 올라탄 수탉, 입에서 폭죽이 터지는 멧돼지 머리, 비행하다가 날개를 접고 테이블 위에 쉬러 내려앉은 듯한 구운 황새(나중에 깃털을 도로 붙인)가 올라왔다.

날갯짓을 거의 하지 않으면서 힘들이지 않고 하늘을 나는 황새의 비행은 인간에게 비행술을 알려준 공이 있다. 19세기 위대한 열기구 조종사 오토 릴리엔탈(Otto Lilienthal)은 황새의 비행을 관찰해 글라이더를 만들었다. 그는 황새 날개가 움직이는 방식과 날개가 끝으로 갈수록 뾰족해지는 점, 정교하게 캠버(camber)되는 단면 등을 연구했다. 릴리엔탈은 '황새가 창조된 유일한 이유는 인간에게 날고자 하는 욕망을 일깨우고 스승이 되어 우리를 이끌기 위해서일 것이다'라고 썼다. 1893년에 릴리엔탈은 황새를 빼다 닮은 비행기를 타고 라이노 힐스에서 도약하여 총 250미터를 날았다. 진정한 비행을 맛보기에 충분한 거리였다. 하지만 3년 뒤에 그가 탄 글라이더가 공중에서 멈추면서 사망했다. 간접적으로는 황새에게 책임을 물을 수 있을지도 모르겠다.

황새가 둥지를 트는 집에는 행운이 온다고 전해진다. 물론 화재의 위험도 있다. 황새는 나뭇가지로 최대 너비 1.8미터, 깊이 3미터의 집을 지으며 매년 돌아와 증축한다.

짐바브웨에서 풀숲을 발로 차서 나오는 곤충을 긴 부리로 잡아먹는 황새를 본 적이 있다. 굉장히 인상적인 장면이었다. 긴 다리와 부리로 서 있는 모습은 자신감 넘치는 신이 대담하게 붓질한 획처럼 보인다. 머리에 흉하게 자란 털 다발과 고환처럼 매달린 커다란 목주머니 때문에 평판 나쁜 장의사를 닮은 못난 생김새로 유명한 대머리황새조차 아름답다. 이들은 아무런 사전 경고 없이 놀라움을 투척한다. 털목황새(woolly-necked stork)가 비행 중에 날개를 펼치면 날개 밑면의 깃털 없는 피부가 놀랍도록 선명한 루비색으로 반짝인다. 황새는 요란하게 생명을 긍정하는 희망의 새다. 동유럽에서는 흥분한 황새가 부리로 내는 달가닥 소리를 다가오는 여름에 대한 갈채로 묘사한다. 봄철 하늘에 펼쳐진 그들의 날개는 이렇게 말하는 수기 신호다. '힘을 내요, 힘을 내요!'

The Spider
거미

나는 거미도 좋아하고 체조도 좋아하지만, 체조하는 거미는 좋아하지 못할 것 같았다. 그러나 세상에는 깡충거미(jumping spider)가 있다. 체조를 하는 이 거미는 아주 멋진 동물이다. 네 쌍의 눈이 달린 존재를 사랑하라고 배운 적은 없지만 분명 그 안에는 위대함이 있다.

지구상의 총 4만 5,000종의 거미 중에서 깡충거미는 아마도 가장 사납고 용맹한 종일 것이다. 검은과부거미는 낯을 가리는 편이라 사람들로부터 숨으려고 하지만 깡충거미는 선뜻 다가가서 조사한다. 내 새끼손톱만 한 깡충거미가 껑충 뛰어올라 커다란 메뚜기를 덮쳐서 죽이는 것은 내가 점프해서 볼보 에스테이트를 집어삼키는 것에 비유할 수 있다. 깡충거미는 수도 많다. 이 무리는 거미 세계에서 가장 큰 분류군이다. 깡충거밋과(Salticidae)에는 총 610개 속 5,800종이 기재되었는데 이는 전체 거미의 13퍼센트에 해당한다. 깡충거미들은 자기들 세계에서 호랑이 같은 존재로서 흉포하고 민첩하다. 일부는 자기 몸길이의 40배까지 뛰어오를 수 있다. 다른 거미들처럼, 그리고 살이 바깥으로 드러난 인간의 취약한 몸과는 다르게 깡충거밋과 거미는 외골격이라는 뼈대로 근육을 감싸서 안전하게 보관한다. 하지만 저렇게 높이 뛴다고 해서 다리 근육이 특별히 강력한 것은 아니다. 사실 깡충거미의 다리는 소형 유압펌프에 가깝다. 배를 수축하여 체액을 뒷다리로 밀어 넣고 똑바로 세울 때 그 힘으로 거미가 앞쪽으로 발사된다. 그들은 도약하는 순간, 출발 지점에 거미줄을 묶는다. 그러면 점프가 실패하여 먹잇감이 도망치더라도 당황하지 않고 안전하게 원래 자리로 몸을 끌어올릴 수 있다. 거미의 피는 그들에게 잘 어울리는 파란색이다.

사실 거미를 예뻐하기는 쉽지 않은 일이다. 거미의 몸은 어딘가 직각으로 꺾여진 것 같고 짧은 털이 나 있고 잠을 안 자고 생전 눈을 감지 않는다. 눈을 깜빡이지 않는 존재를 귀여운 시선으로 바라보기는 어렵다. 전 세계 인구의 3~5퍼센트가 거미 공포증에 시달린다. 하지만 거미를 무서워하는 성향이 지리적으로 보편적인 것은 아니다. 크고 털 달린 거미가 득시글거리는 열대 지역에서는 오히려 사람들의 공포증이 덜하다. 과거에는 이 증상이 특히 거미 다리가 움직이는 동작에 민감하게 반응한다고 생각되었지만 딱히 증명된 사실은 아니고, 거미에 대한 공포는 그 사람의 일반적인 공포 성향과도 상관없다고 밝혀졌다. 거미를 두려워하여 경계심이 증가하는 것이 진화적으로 일말의 이점이 있을 수도 있지만(그에 동반된 공포심 자체가 도움이 되지는 않겠지만), 가족력과도 무관한 것 같고, 아무튼 왜 어떤 사람은 거미를 두려워하고 어떤 사람은 그렇지 않은지는 아직 풀리지 않은 수수께끼다. 그러나 어렵게 용기를 내서 본다면 거밋과에는 대단히 아름다운 종들이 많다. 예를 들어 공작거미(coastal peacock spider)는 암컷에게 잘 보이려고 유쾌한 춤을 추는데, 이때 빨강과 파랑의 눈부신 배를 들어 올리면 엉덩이 가장자리를 따라 완벽한 주황색 털이 드러난다. 거미의 생활사에서 다른 시기에는 볼 수 없는 것이다. 요투스 카를라게르펠디(*Jotus karllagerfeldi*)라는 깡충거미는 검은색 눈, 그리고 턱 아래로 흑백의 더듬이 다리가 강렬하게 배치된 색감이 디자이너 카를 라거펠트의 선글라스와 흰색 목깃을 그대로 재현했기 때문에 저런 이름이 붙었다.

하지만 깡충거미가 거미줄을 만드는 실력은 아마추어 수준이다. 최고의 거미줄을 생산하는 거장은 왕거밋과의 황금무당거미다. 황금무당거미는 햇빛을 받으면 귀금속처럼 빛나는 노란색 거미줄을 친다. 집이 완성되면 수년씩 사용해도 문제가 없고 날아가던 새가 걸려들 정도로 튼튼하다. 뉴기니에서는 초기에 어부들이 이 거미줄로 그물을 짰는데 한번에 물고기 수십 마리를 끌어올려도 끄떡없었다고 한다. 현재는 과학자들이 거미줄의 구조를 이용해 방탄조끼를 개발하고 있지만 아직 큰 진전은 없다.

거미줄은 지구상에서 가장 놀라운 물질이자 기적의 재료다. 인간은 오래전부터 거미줄을 복제하려고 달려들었지만 성공하지 못했고, 인간이 대체한 발명품은 대담하고 아름답고 기적에 가깝기는 하지만 이미 자연계가 사용하고 있는 것에 견줄 수 없다는 사실이 증명되었다. 거미줄은 지구를 크게 한 바퀴 돌리는 데 들어가는 양이 500그램도 채 되지 않을 정도로 가볍지만 같은 두께의 강철보다 다섯 배나 더 튼튼한, 지구상에서 가장 강한 물질이다. 어떤 거미든 그 방적 돌기에서 갓 나온 거미줄은 액체 상태이다. 그러나 공기와 접촉하는 순간 고체가 되며 처음부터 끝까지 굵기가 일정하여 제2차 세계대전 때 군사용 사격조준기의 조준점을 제작했다. 만약 사람이 볼펜 두께의 거미줄로 만든 방탄조끼를 입는다면 공중에서 보잉 747도 막을 수 있을 것이다.

그러나 적절한 거미줄을 적소에 사용하는 것이 중요하다. 1709년에 프랑스 몽펠리에 감사원장인 프랑수아 자비에르 본 드 세인트 힐라일(François Xavier Bon de Saint Hilaire)은 루이 14세에게 처음으로 거미줄로 만든 스타킹을 선사했다. 그는 무슨 종인지 알 수 없는 거미의 암컷이 낳은 알 고치 수백 개에서 거미줄을 추출했다. 햇빛을 받으면 반짝거리는 은회색 비단실 같았다. 그러나 막상 태양왕이 스타킹을 신고 걸어가자 이내 왕의 발가락 사이로 산산이 해체되고 말았다. 게다가 우리에 모아둔 거미가 서로 잡아먹는 바람에 낭패를 보았다.

운이 좋았던 사람도 있다. 1863년 미국 남북전쟁 당시 외과의사였던 버트 그린 와일더(Burt Green Wilder)는 황금무당거미가 지은 집을 발견하고는 거미를 붙잡아 모자 안에 넣고 야영지로 돌아왔다. 와일더가 쓰기로, 거미는 그의 손목에 매달려 한 가닥 거미줄을 뽑으면서 내려왔다.

나는 거미 대신 거미줄을 붙잡아서 잡아당겼다. 그러나 거미가 딸려 오는 대신 거미줄이 계속 뽑혀 나와 내 손을 감았다. 줄이 잘 끊어지지 않은 것을 보고 나는 작은 깃털 펜에 거미줄 끝을 붙인 다음 거미를 텐트 반대쪽에 두고 소파에 누워 손가락 사이로 깃털 펜을 계속해서 돌렸다.

한 시간 반 후, 와일더는 약 150미터의 '내가 지금까지 본 것 중에서 가장 훌륭하고 아름다운 금빛 실을 모았다.' 그는 나무로 작은 통을 만들어 거미를 가두고 거미줄을 생산하게 했다. 거미줄로 사랑하는 연인에게 줄 가운을 만들겠다는 야심 찬 포부는 거미 5,000마리를 잡아야 한다는 계산 앞에서 무너지고 말았다. 와일더와 같은 연대에 있던 시고니 웨일스(Sigourney Wales) 중위 역시 똑같이 이 금빛 실을 수집했는데 그는 좀 더 현실적으로 이 실을 코일처럼 감은 다음 황금 장신구, 그중에서도 결혼반지를 만들어 팔겠다고 큰소리쳤다.

모두 귀 기울여 들어주길 바란다. 세상에 거미가 없다면 전 세계에 기근이 닥칠 것이다. 거미는 인간의 식량을 빼앗는 것들을 잡아먹는다. 다시 말해 거미는 해충을 예방한다. 인간이 매년 4억 톤의 고기와 생선을 먹는다면, 거미는 매년 4억~8억 톤의 곤충과 해충을 먹는다. 또한 거미는 식물에 꽃가루를 전달하고 죽은 동식물을 흙으로 돌려보내어 재활용하게 하며, 동시에 3,000~5,000종의 새들의 먹이가 된다. 거미가 없으면 인간도 소멸할 수밖에 없다. 우리는 거미를 보면 감사 인사를 해야 한다. 적어도 지금은 어디에나 거미가 있기 때문에 어려운 일은 아니다. 어려서 짐바브웨에 살때 나는 종종 베개 밑에서 거미를 발견하곤 했다. 젖니를 빼서 베개 밑에 두면 이빨 요정이 이를 가져가는 대신 두고 가는 동전과 비슷하게 생겼다. 단, 눈과 이빨이 달렸다는 점만 빼고. 영국 웨일스의 한 들판에는 1에이커당 100만 마리가 넘는 거미가 있는데, 열대 지역으로 가면 같은 면적에 평균 300만 마리가 산다. 거미의 수가 너무 많아서 사람이 자는 동안 1년에 여덟 마리의 거미를 먹는다는 괴담까지 유행했다. 진짜라면 소름 끼치는 일이지만 사실 '1년에 여덟 마리 거미'라는 말은 1993년에 컴퓨터 칼럼니스트 리사 홀스트(Lisa Holst)가 어떻게 가짜 '팩트'가 이메일을 통해 빠르게 전파되는지에 관해 쓴 기사에서 거짓 통계가 얼마나 손쉽게 믿을 만한 정보로 둔갑하는지 보여주는 증거로 제시한 것이었다. 그러나 그 이후로 앞뒤 맥락이 다 잘린 채로 '1년에 여덟 마리 거미'라는 말만 퍼져나가 초기 인터넷상에서 가장 널리 확산된 가짜 정보가 되었다. 하지만 여기에도 일말의 진실은 있다. 우리는 평소 먼지를 마시면서 수백만 개의 거미 조각을 흡입한다. 물론 그렇게 따지자면 사람의 몸도 수없이 들이마셨겠지만 말이다.

이런 거미조차 멸종 위기에 처해 있다. 구티타란툴라(Gooty tarantula)는 현재 인도 안드라 프라데쉬주의 작은 숲에만 살아남아 인간을 피해 나무 꼭대기에서 생활한다. 이 거미는 실제라고 믿기 어려운 이브 클랭 블루색을 띠고 있다. 세상에서 이보다 완벽한 파란색은 없을 것이다. 그러니 이 거미가 현재의 절멸 위급 상태조차 버티지 못하고 멸종된다면 세상에 진정한 파란색은 남지 않을 것이다. 가문비전나무이끼거미(spruce-fir moss spider)는 볼 베어링 크기의 진한 황갈색 거미로 애팔래치아 산맥의 고지대에서 관 모양의 거미집을 짓고 산다. 이 거미가 사는 프레이저전나무 개체군이 벌채와 질병으로 크게 훼손되면서 나무에 거주하던 생물들도 함께 수가 크게 줄었다. 세계에서 거의 유일한 가문비전나무이끼거미 개체군이 노스캐롤라이나주의 어느 바위 노두에 서식한다고 알려졌다. 이 거미는 너무 작아서 남아 있는 개체를 전부 다 모아도 손바닥 하나에 올려놓을 수 있지만 지구에서 이들이 사라지는 것은 결코 작은 손실이 아니다. 한때 우주에 존재했던 생명체가 우리의 부주의한 침해로 다시는 되돌릴 수 없이 사라진다는 것, 그것만큼 큰일이 있을까?

과오로 점철된 인류의 긴 역사에서 인간이 거미에게 저지른 실수도 적지 않다. 우리는 거미에게 그들이 가지지 않은 위험한 힘을 주었다(전체 거미 종 중에서 인간의 죽음에 책임이 있는 거미는 0.1퍼센트밖에 안 된다). 16, 17세기에는 사람들이 늑대거미(이탈리아 타란토 지역에서 발견되었다고 하여 '리코사 타란툴라[Lycosa tarantula]'라는 학명이 지어져서 헷갈리지만, 진짜 타란툴라와는 다른 종이다)에 물리면 죽는다고 믿었다. 유일한 치료법은 거미에 물린 사람이 미친 듯이 춤을 추는 방법밖에 없었다. 18세기 이탈리아 작가인 프란체스코 칸첼리에리(Francesco Cancellieri)는 이렇게 썼다.

··· 우리는 가엾은 농부가 숨을 제대로 쉬지 못해 힘들어하는 것을 보았다. 그의 얼굴과 손이 검게 변하기 시작했다. 하지만 모두가 알고 있는 병이었으므로 누군가 이내 기타를 가져와 연주하기 시작했다··· 처음에 그는 발을 움직이기 시작했다. 다음은 다리였다. 무릎을 꿇고 섰다가 다시 약간의 시간을 두고 몸을 흔들며 일어났다··· 25분쯤 지났을까. 그는 바닥에서 거의 세 손바닥 높이까지 뛰어올랐다··· 그리고 한 시간도 채 되지 않아 손과 얼굴의 검은 기가 가시면서 원래의 제 낯빛을 되찾았다.

17세기에는 독일의 박식가 아타나시우스 키르허(Athanasius Kircher)의 〈거미 해독제(Anti dotum Tarantulae)〉 같은 특별한 치료 음악의 악보까지 마련되어 있었다. 이 광적인 '거미 지그(jig. 빠르고 경쾌한 춤)'가 나폴리 지방에서 사람들이 발을 구르며 추는 타란텔라라는 춤의 기원이었을지도 모른다.

최근에 맨체스터 대학교 과학자들이 킴이라는 이름의 깡충거미를 훈련해 그들의 지시에 따라 도약하게 했다. 킴의 정확성은 혀를 내두를 정도로 놀라워서 절대 목표점을 놓치지 않았다. 여덟 개의 눈을 가진 깡충거미는 인간보다 훨씬 폭넓은 색 스펙트럼을 볼 수 있다. 거미에게 세상은 좀 더 총천연색으로 보인다. 또한 일부는 예컨대 영국 총리의 질의응답 장면을 보기보다 자연 다큐멘터리를 더 좋아한다는 게 밝혀졌다. 그들은 우리가 알고 있는 것보다 훨씬 더 영리하다. 이 세상에서 인간의 생각보다 간단한 생물을 발견하는 일은 없을 거라는 사실은 모두가 알고 있어야 한다.

The Bat

박쥐

투명 인간이 되는 쉬운 방법을 찾고 있는가. 그럼 박쥐 한 마리, 검은 암탉 한 마리, 개구리 한 마리를 잡아 와서 심장을 꺼내 한데 모은 다음 오른쪽 겨드랑이 밑에 칭칭 묶어라. 19세기 파리의 주술사 에밀 그릴로 드 지브리(Émile Grillot de Givry)에 따르면 이대로만 하면 자신을 제외한 다른 모든 이의 눈에 보이지 않게 될 것이다. 박쥐는 수백 년 동안 모든 대륙에서 투명 인간이 되는 재료로 유행했다. 18세기에 알베르투스 마그누스라는 자가 썼다는 마법서에는 '박쥐의 오른쪽 눈을 찌른 다음 몸에 지니고 다니면 다른 이들의 눈에 보이지 않을 것이다'라고 적혀 있다. 트리니다드의 어느 지역에서는 박쥐의 피를 마시는 것도 같은 효과를 가져왔다. 모두 쉽게 팩트 체크가 가능한 내용들이었지만 그렇다고 박쥐의 인기가 사라지지는 않았다. (사실 나 역시 노화된 피부를 되돌려 놓는다고 장담하는 크림을 많이 구매하긴 했다.)

박쥐는 우리를 어둠의 행위와 이어주는 밤 비행사들이다.

이솝우화에서는 박쥐가 돈을 빌려 사업을 벌였으나 실패하자 낮에는 몸을 숨기고 밤에만 나와서 은밀히 활동하게 되었다고 설명한다. 흡혈박쥐는 16세기에 남아메리카에서 처음 신종으로 기재된 이후로 기꺼이 기존 뱀파이어 설화에 흡수되어 마침내 1897년 브램 스토커(Bram Stoker)의 소설 《드라큘라》에 등장했다. '그는 키가 큰 노인으로 길고 흰 콧수염을 제외하면 깨끗하게 면도했고 머리부터 발끝까지 검은색 옷을 입었으며 몸에서 다른 색깔은 찾아볼 수 없었다.' (사람들이 잊고 있는 한 가지 사실. 브램 스토커의 드라큘라는 노인이었다.) 전령의 방패에 그려진 박쥐는 혼돈의 힘을 자각한다는 의미였으며, 대혼란과의 친족 관계를 나타냈다.

그러나 어둠 속에도 우아함은 있다. 나바호 전통 설화에서는 세상이 온통 암흑천지였을 때 박쥐가 제일 먼저 창조되어 아직 빛이 없는 땅을 뚫고 12종류의 곤충과 함께 날아올랐다고 전한다. 물론 박쥐에게는 앞이 보이지 않는 진정한 어둠이란 없다. 그건 진화가 최고로 솜씨를 발휘한 반향정위(echolocation) 기술 때문이다.

박쥐가 깜깜한 밤에도 그렇게 자신 있게 돌아다니는 비법을 풀기까지는 오랜 시간이 걸렸다. 처음에는 사람들이 그저 박쥐가 밤눈이 대단히 밝은 동물이라고 생각했고, 그래서 이를 이용한 많은 민간요법이 탄생했다. 미국 중서부 일대에서는 박쥐의 피를 받아 눈을 담그면 어둠 속에서도 볼 수 있다고 믿었다. 그러나 낮에는 인간보다 세 배나 훌륭한 시력을 지닌 박쥐이지만 그들도 어둠 속에서는 보지 않는다. 박쥐는 듣는다.

1793년에 이탈리아 과학자 라차로 스팔란차니(Lazzaro Spallanzani)는 집에서 기르던 올빼미가 촛불을 꺼버리면 방향을 잃고 벽으로 날아가 부딪히는 것을 보았다. 그러나 그 지역의 박쥐는 불빛이 없어도 밝을 때와 다름없이 날렵하고 능숙하게 길을 찾았다. 호기심이 발동한 스팔란차니는 야생 박쥐 세 마리의 눈을 조류용 끈끈이로 덮어버리고 시험했지만 같은 결과를 얻었다. 다음으로 스팔란차니는 박쥐의 안구를 제거했다. 그런데도 '건강한 박쥐와 똑같은 속도와 정확성으로… 빠르게 날았다… 눈이 없는데도 완벽하게 볼 수 있는 이 동물에 대한 놀라움은 말로 다 표현할 수 없다.' 이를 보고 스위스 동물학자 찰스 주린(Charles Jurine)이 밀랍으로 박쥐의 귀를 막았는데 그제서야 술에 취한 사람처럼 비틀거렸다. 파라핀으로 귀를 막고 귓속에 구멍을 뚫는 등의 잔인한 실험을 거쳐 두 사람은 박쥐의 비행에 결정적인 것은 청각이라는 결론을 내렸다. 그러나 반향정위가 진정으로 이해되기 시작한 것은 그로부터 100년이 더 지나고 나서다.

밤에 날아다니는 박쥐가 내는 소리는 주파수가 너무 높아서 그에 비하면 인간의 소리는 느리고 태만해보일 정도다. 그 소리가 주변의 물체에 부딪혀 반사되는 반향이 박쥐의 귀에 들어가면 지나가던 곤충의 다리 수와 그 다리에 털이 많은지 아닌지까지 자세하게 그릴 수 있다. 박쥐는 고도의 기교를 구사하는 수학자다. 타깃과의 거리를 알아내기 위해 소리의 속도에 대한 타고난 감각을 바탕으로 소리를 보내고 메아리가 돌아온 시간의 차이를 계산한다. 막 사냥을 시작한 박쥐가 처음에 보내는 펄스는 느리다. 이 음파가 주변을 훑으며 먹이를 찾는다. 그러나 타깃 곤충의 위치가 포착되는 순간 박쥐의 소리는 최대 300킬로헤르츠의 고강도 초음파 펄스로 변한다. 1초에 20만 번 주기로 움직이는 파동이다. 이 소리의 반향은 사람의 머리카락보다 가는 전선을 피할 정도로 정확하다. 박쥐를 도청할 생각일랑 아예 접는 게 좋다. 평균적인 인간의 가청 범위는 고작 20헤르츠에서 20킬로헤르츠이지만 박쥐는 11헤르츠에서 212킬로헤르츠로 범위가 방대하다. 우리가 박쥐의 소리를 들을 수 있다면 아마 귀가 먹을 것이다. 박쥐는 세상에 가장 큰 소리를 내지른다. 큰불독박쥐(greater bulldog bat)는 140데시벨의 비명을 지르는데, 그건 제트 엔진 30미터 옆에서 락 콘서트를 듣는 것과 같다.

이들은 내로라하는 어둠의 감식가들이므로 이들이 실수로 당신의 머리에 부딪히지는 않을까 걱정하는 것은 무례한 생각이다. 이들이 사용하는 반향정위의 수준은 핀 머리만큼 작은 각다귀도 잡을 만큼 정교하다. 따라서 어둠 속에서도 얼마든지 당신을 볼 수도, 피할 수도 있다. 다만 몸이 좋지 못하거나 멍한 상태이거나 떼 지어 모여 있는 곳에서는 간혹 머리카락에 엉킬 수도 있는데 그런 기억과 경험이 공포와 매력으로 재탄생했다. 여성의 머리카락에 엉킨 박쥐는 프랑스 민속에서 격정적이고 지독한 사랑의 조짐이며, 아일랜드에서는 지옥행에 당첨되었다는 표시다. 그러나 어둠을 보는 박쥐의 능력을 연구한 사람들은 기적을 일으켰다. 캘리포니아주의 시각 장애인 사업가 다니엘 키쉬(Daniel Kish)는 어려서부터 혀로 내는 클릭음을 통해 반향정위를 몸소 익혔다. 캘리포니아 교외를 걸으면서 그는 나무와 벽을 감지했고, 펄스로 지어진 세상을 그리면서 자전거를 탔다.

쥐를 닮은 얼굴과 반투명한 날개를 가진 박쥐는 지구상에서 유일무이한 존재이다. 아리스토텔레스는 처음에 박쥐가 새라고 믿었으나, 꼬리가 없고 발이 생쥐를 닮은 것을 보고 마음을 바꾸었다. 《동물 신체 부위론(De Partibus Animalium)》에서 아리스토텔레스는 박쥐를 중간 지대에 두었다. 그곳은 두 분류군에 애매하게 걸쳐 있는 난감한 동물을 위한 공간으로, 바다표범은 물갈퀴가 달린 발 때문에, 타조는 '하늘을 나는 데 소용없는 머리카락 같은 깃털'을 가졌다는 이유로 그 지대에 속했다. 그러나 아리스토텔레스는 공정하지 못했다. 박쥐는 박쥐 그 자체이다. 세상에는 전체 포유류 종 수의 4분의 1 이상을 차지하는 1,100종 이상의 박쥐가 있다. 그리고 그들이 펼치는 밤의 환희는 아직까지 제대로 찬미되지 못하고 있다. 귀가 몸의 절반 길이나 되는 토끼박쥐 (brown long-eared bat), 뒤영벌을 닮은 알락박쥐(pied bat), 흰색 몸, 노란 귀와 코를 가진 온두라스흰박쥐(Honduran white bat)처럼 멋진 박쥐들이 있다. 태국에 서식하는 멋쟁이박쥐 (painted bat)는 광채가 빛나는 주황색이다. 세상에서 가장 작은 박쥐는 뒤영벌박쥐라고도 하는 키티돼지코박쥐(Kitti's hog-nosed bat)인데 사람의 엄지손가락보다 작다. 그러나 인간이 미니어처 인형의 집을 즐기는 바람에 이 박쥐들이 죽어간다. 키티돼지코박쥐는 절멸 위급, 멸종 위기, 취약 상태로 등록된 66종의 박쥐 중 하나이다. 이 미니 박쥐를 보려고 태국의 동굴을 찾는 관광객이 늘면서 동굴 내부가 관광객 위주로 개조되는 바람에 서식지가 훼손되어 박쥐의 수가 줄고 있다. 이는 수천 년 동안 한 치의 어긋남도 없이 동일하게 전개되는 시나리오다. 인간은 자신의 즐거움을 위해 동물의 수를 줄여가고 있다.

박쥐가 도쿄를 불태울 뻔한 얘기를 빼놓을 수 없다. 그랬다면 박쥐는 히로시마를 구했을지도 모른다. 제2차 세계대전 당시 라이틀 S. 애덤스(Lytle S. Adams)라는 미국 치과의사가 멕시코자유꼬리박쥐(Mexican free-tailed bat)를 동원해 타이머가 장착된 작은 소이탄을 운반하게 한다는 구상을 제안했다. 폭탄 상자에 실려 낙하산을 타고 내려가다가 상자가 열리면 수백만 마리의 박쥐가 튀어나와 자유롭게 날아다니며 도쿄의 목조 건물 구석구석으로 들어가 결국 도시 전체를 화염에 휩싸이게 하려는 작전이었다. 애덤스는 박쥐가 '신의 명령을 받아 인류의 자유를 수호하고 감히 우리의 삶의 방식을 훼손하는 자들의 시도를 좌절시키기 위한 계획에 제 역할을 하려고 대기했다'라고 말했다. 루스벨트 대통령은 '이 자는 미치지 않았다. 정신 나간 소리처럼 들릴지 모르지만 검토할 가치가 있다'면서 시도하도록 명령했다. 그러나 상황은 애덤스의 예상보다 훨씬 복잡했고, 모의시험 중에 일어난 착오로 폭탄이 설치된 박쥐들이 연료 탱크 밑으로 숨어 들어가는 바람에 시험장 전체가 폭파되고 말았다. 박쥐 작전은 철회되었고 대신 새로운 계획이 실행되었다. 원자폭탄이다.

The Tuna
다랑어

어니스트 헤밍웨이는 다랑어에 열광했다. 다랑어의 크기와 힘이 회색곰에 맞먹는다는 이유로 그는 이 물고기를 사랑했다. 보통 길이가 1.8미터 정도 되지만 가장 큰 종인 대서양참다랑어(Atlantic bluefin) 중에는 그 두 배가 되는 개체가 있고, 무게도 600킬로그램이 넘는다. 1922년 비고라는 스페인 항구에서 다랑어 떼가 정어리 사냥을 하는 것을 본 헤밍웨이는 신문에 '끓어오르는 듯한 굉음을 일으키며 물을 가르고 올라온 다랑어 한 마리가… 선창에서 말이 떨어지는 소리를 내며 물속으로 떨어졌다'라고 썼다. 이 물고기의 거대한 몸집 때문에 그는 참다랑어 낚시를 순수한 영웅적 남성성이 바다와 벌이는 투쟁으로 보았다. 그는 이렇게 썼다.

… 장장 6시간의 사투 끝에 큰 다랑어 한 마리를 낚아 올렸다면, 물고기와 인간의 싸움에 나선 당신의 근육은 끝없는 긴장으로 욕지기가 날 정도였을 테지만 마침내 그를 청록과 은색의 게으른 바다에서 끌어내 배 위로 올린 순간, 모든

것은 정화되고 아주 오래된 신들의 환영을 받으며 그 앞에 당당하게 나설 수 있으리라.

이것은 바다에서 물고기에게 일격을 가하는 순간을 마음 속 깊이 염원한 남성의 산문이다. 다랑어는 헤밍웨이를 위한 물고기였고, 할 수만 있다면 그는 짧은 반바지를 입고 권투 장갑을 꼈을 것이다.

파푸아인의 신화에서 다랑어는 태양의 아버지다. 한 여인이 물속에서 거대한 다랑어와 장난을 치는 중에 그것이 자기의 다리에 몸을 대고 문지르는 것을 느꼈다. 이윽고 다리가 부풀어 올랐고 여인은 그곳을 갈라 아기를 꺼냈다. '다리의 아이'라는 뜻에서 두두게라는 이름으로 불린 아기는 다른 아이들의 놀림감이 되면서 점차 공격적이고 화를 주체하지 못하는 싸움꾼이 되었다. 아들의 안전을 걱정한 어머니가 아버지에게 아이를 돌려주려고 물가로 데려갔다. 이내 거대한 다랑어가 나타나더니 소년을 꿀꺽 집어삼켰다. 그러나 아버지와 물속으로 들어가기 직전, 두두게라는 어머니에게 자신은 태양이 될 터이니 숨어 있으라고 말했다. 그 말대로 두두게라는 하늘로 올라가 땅과 그 위에 있는 모든 것을 태워버렸다. 아들의 파괴력을 막아보고자 어머니는 어느 날

새벽, 떠오르는 태양의 얼굴에 석회를 던졌다. 그것이 구름을 만들어 그의 흉포함으로부터 세상을 보호했다. 다랑어는 거대하고 거친 이야기들 속에서 제 역할을 찾았고, 처음부터 그렇게 설정되었다.

다랑어(tuna)라는 이름은 '쏜살같이 달리다'라는 뜻이다. 바닷속 어뢰 같은 존재로 총 15종의 다랑어 중에서 마트의 통조림에서 가장 쉽게 찾을 수 있는 것은 가다랑어(skipjack), 날개다랑어(albacore), 그리고 황다랑어(yellowfin)다. 그러나 뭐니 뭐니 해도 가장 위엄 있고 빠르고 큰 것은 대서양참다랑어다. 이 물고기의 등은 암청색에서 은빛으로 흐려지고, 배는 뽀얗게 빛난다. 물속에서 빠르게 질주할 때 대서양참다랑어는 등지느러미를 몸속에 집어넣고 백상아리보다 빠른 시속 70킬로미터로 헤엄친다. 큰 바다에서 고속으로 이동하는 데 완벽하게 진화했으므로 미 해군 수중 미사일을 설계하던 연구자들은 대서양참다랑어를 모델로 참고해 국방부의 지원을 받아 그 형태를 연구했다. 대서양참다랑어는 성경의 요나 이야기에 나오는 고래처럼 아이 하나가 들어갈 수 있을 만큼 크다. 대서양참다랑어는 500마리 이상이 크게 무리 지어 헤엄치는데, 공기 방울이 부글거리는 물속에서 엄청난 속도로 우르르 몰려가는 장면을 보면 바다의 들소

떼 같다는 생각이 들 것이다.

헤밍웨이가 말한 '오래된 신'처럼 대서양참다랑어한테는 경계라는 게 없다. 지중해나 멕시코만에서 태어나 성장한 다음에는 마이애미에서 아이슬란드, 모리나티에서 쿠바까지 대서양 전역을 지치지 않고 누비며 사냥한다. 이들은 고작 40일 만에 대서양을 건너지만 짝짓기 철이 되면 혼잡하고 열정이 넘치는 거대한 무리를 이루어 자기가 태어난 곳까지 간다. 이 물고기들이 어떻게 목적지를 찾아가는지는 확실하지 않다. 냄새를 잘 맡기 때문에 어쩌면 바다의 후각 지도를 그려놓았을지도 모른다. 하늘의 별이나 지구의 자기장을 이용할 수도 있다. 확실히 아는 것은 짝짓기 철이 되면 이들이 '살포 산란(broadcast spawning)'을 하러 돌아와 많은 암수로 이루어진 집단이 동시에 물속에서 희망찬 폭포수처럼 알과 정자를 방출하고는 살든 죽든 알아서 하게 내버려둔다는 것이다. 암컷이 1년에 생산하는 1,000만 개의 알 중에서 수정이 되는 것은 극히 일부지만, 일단 수정이 된 알은 이틀 뒤에 고작 속눈썹 한 가닥 길이로 부화한다. 인간이나 상어, 이빨고래에게 잡아먹히지 않는다면 40년을 거뜬히 살아가는 생명체의 시작이라고 하기에는 드물게 위태롭다.

대다수의 물고기와 달리 다랑어는 항온동물이다. 내부의 독특한 혈관 구조 덕분에 몸을 움직일 때 생성되는 열을 바다에 내주지 않고 저장한다. 다시 말해 체온을 올리기 위해 주변 물의 온도에 의존할 필요가 없다는 뜻이다. 그 결과 다랑어는 빠른 속도 못지않게 추위를 버티는 능력도 최강이다. 급격한 수온 변화를 견딜 수 있기 때문에 1,000미터 아래의 칠흑같이 어둡고 얼음장같이 차가운 물 속으로 먹잇감을 쉽게 쫓아간다. 수온이 낮아지면 다른 물고기들은 속도가 느려지고 갈피를 잡지 못한다. 그 뒤를 따르던 다랑어가 정신없는 먹이를 냅다 삼킨다. (다랑어가 물고기를 먹고사는 것이 다랑어를 먹는 인간에게 그다지 좋지는 않다. 다랑어가 수백 마리씩 통째로 삼키는 청어, 정어리, 고등어 같은 물고기는 몸에 소량의 수은이 들어 있다. 이 물고기를 먹은 다랑어의 살에도 수은이 축적되며 평생 배출되지 않는다. 수은 중독을 원치 않는 사람이라면 먹이사슬의 아래쪽에 있는 작은 물고기들을 노리도록.)

다랑어에 대한 인간의 식욕은 역사가 매우 깊다. 유럽에서는 기원후 1세기부터 다랑어를 잡기 위한 정교한 함정을 설계해 산란기에 그물로 미로를 만들었다. 그러나 이 생선에 대한 욕망을 주체하지 못해 치명적으로 효율적인 저인망 어업으로 바다 밑바닥을 기꺼이 파헤치고 망가뜨리기 시작한 것은 제2차 세계대전 이후다. 많은 어업이 주낙을 이용하는데, 바다 밑바닥에 70킬로미터나 이어지는 이 미끼 달린 낚싯줄로 무분별하게 해양 생물을 잡아 올린 다음, 돈이 될 만한 물고기가 아니면 내다 버린다. 다랑어를 따라 헤엄치는 돌고래도 얼떨결에 희생된다. 이와 같은 대규모 '혼획'으로 매년 30만 마리의 고래와 돌고래가 잡힌다. 바닷물은 시체로 그득하다. (통조림에 붙은 '돌고래 안전[Dolphin safe]'이라는 표지가 해양 과학자들에게는 아무 의미가 없다. 학살이 일어나는 먼 바다는 어차피 제대로 규제되지 않으며, 조사관을 매수할 수도 있기 때문이다.) 일부 추정에 따르면 다랑어, 상어, (주둥이가 아주 길고 뾰족해서 사람을 죽일 수도 있는) 황새치 같은 거대 동물상을 포함한 가장 큰 포식성 물고기들은 이미 바다에서 사라져버렸다. 그러나 사람들의 식탐은 커져만 간다. 일본의 초밥 체인점 스시잔마이의 대표 기무라 기요시는 278킬로그램짜리 대서양참다랑어 한 마리를 경매에서 310만 달러에 낙찰받아 세계 기록을 세웠다. 언론의 관심과 환호를 받기 위해 일반적으로 생선의 경매가를 의도적으로 부풀리는 경향이 있지만, 실제로 대서양참다랑어는 지구에서 가장 희귀한 생물의 하나다.

배우 로버트 드니로도 지분이 있는 고급 일식당 노부의 런던 올드 파크 레인 지점과 LA 지점에서는 대서양참다랑어를 먹을 수 있다. 이 글을 쓰고 있는 현재 런던 지점의 메뉴에는 작은 별표와 함께 개념 있는 척하는 문구가 적혀 있다. '대서양참다랑어는 환경적으로 위협받는 종입니다. 직원에게 다른 메뉴를 문의하세요.' 대서양참다랑어 소비에서 식당의 책임을 회피하기 위해 인지 부조화 소스를 뿌린 생선회다. 과거에 어부였고, 《스시 이야기(The Story of Sushi)》를 쓴 저자 트레버 코슨(Trevor Corson)은 왜 사람들이 굳이 대서양참다랑어를 낚으려고 하는지 이해하지 못한다. 대부분의 사람이 블라인드 테스트에서 대서양참다랑어와 황다랑어를 구분하지 못한다. 그러나 노부에 식사를 하러온 사람들에게 메뉴판의 별표는 결정을 재고하는 계기가 아닌 성공의 깃발로 여겨질 것이다. 이 생선의 살점을 먹으면서 스릴을 느끼는 건 어디까지나 희소성 때문이다. 15세기에 로렌초 데 메디치는 피렌체의 시뇨리아 광장을 사냥터로 만들어 이국적인 동물들을 풀어놓고 마구 죽이곤 했다. 이는 노부에서 사람들이 느끼는 충동과 비슷하다. 희귀한 것에 대한 갈망.

우리의 메디치식 행위가 저 물고기들을 종말의 길로 몰아넣었다. 일본 대기업 미쓰비시는 세계 대서양참다랑어 시장의

40퍼센트를 좌지우지한다. 이들은 매년 엄청난 양을 잡아들여 냉동한다. 매해 일정한 공급량을 유지하기 위한 재고 확보라는 핑계를 대지만 환경 단체에서는 야생에서 대서양참다랑어가 절멸할 경우 가격이 치솟을 것을 예상한 행동이라고 본다. 어린 시절 듣던 카세트 플레이어를 만든 회사가 영하 60도에 얼려둔 대량의 다랑어가 앞으로 천문학적인 가격에 팔릴 것이다.

이 참을 수 없이 불쾌한 게임은 멸종 추정(extinction speculation)이라고 불린다. 노르웨이산 상어 지느러미, 곰의 웅담, 코뿔소 뿔을 기어코 수집하는 인간들, 오직 돈밖에 모르는 사람들의 짓거리다. 호랑이 가죽을 산더미처럼 쌓아두고 호골주를 대형 통에 저장하는 수집가들이 있다. (호골주는 호랑이 뼈를 쌀로 담근 술에 넣고 8년을 발효시켜서 만드는데 그렇게 되면 영원히 저장할 수 있다.) 2050년이 되기 전에 야생에서 호랑이가 절멸할 것으로 보인다. 그러면 이런 자산들의 가치는 크게 솟구칠 것이다. 멸종에 베팅하는 사람들에게 상황이 유리해지고 있다. 줄무늬가 가는 남중국호랑이는 1980년대 이후 야생에서 보이지 않는다. 호랑이 아종 중에서 무늬가 가장 두껍고 화려한 카스피호랑이는 20세기 말에 이미 야생에서 멸종했다. 어느 조사에서는 코뿔소의 경우, '이

윤을 극대화하려는 사람들에게는 야생의 재고가 바닥날 때까지 코뿔소 도살을 의도적으로 부추기려는 동기가 있다'고 발표했다. 밀렵꾼은 최후의 죽음을 서두르기 위해 뿔이 없어서 시장성이 없는 야생 코뿔소까지 돈을 받고 죽인다.

멸문은 단지 인간의 타성에 의해서만 일어나는 일이 아니라 유인책에 의해 적극적으로 동기가 부여되는 현상이다. 광대한 푸른 세상을 가로지르는 다랑어들 위로 끝을 기다리는 도박꾼들이 재고를 남몰래 철저히 관리하면서 지켜보고 있다.

The Golden Mole

황금두더지

무지갯빛(iridescent)이라는 단어는 그리스어로 '무지개'를 뜻하는 'iris'와 라틴어에서 '~를 향한 경향이 있다'라는 뜻의 'escent'에서 왔다. 보는 각도에 따라 색깔이 달라지는 이 빛깔은 많은 곤충과 새, 가끔씩 오징어에서 나타난다. 그러나 포유류에서는 딱 하나, 황금두더지뿐이다. 황금두더지에 속하는 일부 종은 검은색이고, 금속성 은색이거나 황갈색인 종도 있지만, 다양한 빛과 각도 아래에서 이 동물의 털은 청록색, 남색, 보라색, 금색으로 변한다. 참으로 하늘을 닮은 색을 좋아하는 두더지가 아닐 수 없다.

하지만 황금두더지는 진짜 두더지가 아니다. 코끼리와 더 근연관계이고 대부분 아이의 손에 들어갈 정도로 크기가 작다. 그러나 이 동물의 몸은 초소형 발전소나 마찬가지다. 특히 콩팥은 대단히 효율적이라 많은 종이 평생 물 한 방울 안 마시고도 살 수 있다. 황금두더지 중이의 뼈는 아주 크고 비대해서 땅속 진동에 대단히 민감하다. 토양이나 모래 아래에서 대기하는 중에 땅 위에서 새나 도마뱀이 걸어 다니는 소리를 들을 수 있고, 개미와 딱정벌레 발소리까지 구분한다. 고유파생형질(autapomorphy)은 특정 집단에 고유한 형질을 뜻하는 전문 용어인데, 황금두더지의 강력한 앞다리와 물갈퀴가 달린 뒷발은 '특출난 고유파생형질'로 묘사되는 특징이다. 이 동물은 아주 오래전부터 자기 자신으로 살아왔다. 2300만 년 전부터 500만 년 전의 미오세로 거슬러가는 황금두더지 화석 표본이 발굴되었다. 황금두더지는 아주 오랫동안 빛나왔다.

황금두더지에는 총 21종이 있는데, 모두 사하라 이남 아프리카에서 왔다. 마치 정해진 규칙이라도 되는 것처럼 많은 종명이 사람의 이름을 따라 지었다. 그랜트황금두더지(Grant's golden mole, 길이가 고작 8센티미터로 오직 나미비아 사막에서만 발견되고 '사구의 상어'라고 알려졌다), 말리황금두더지(Marley's golden mole, 적갈색이며 레봄보 산맥 동쪽 산비탈의 작은 두 구역에서만 발견된다), 로버스트황금두더지(robust golden mole, '로버스트'는 영어로 원기 왕성하다는 뜻이지만 실제로는 전혀 그렇지 않다. 남아메리카 전역에서 서식지 소실로 죽어나가고 있다), 그리고 가장 큰 종인 자이언트황금두더지(giant golden mole)가 있다. 마지막 종은 길이가 23센티미터로 맞대결로는 감히 맞설 상대가 없지만, 인간의 파괴적인 충동, 산림 벌채와 채굴 앞에서는 속수무책이라 황금두더지 중에서 가장 멸종 위험이 높다. 황금두더지 21종 중에서 절반 이상이 현재 오염과 서식지 소실로 멸종 위협을 받고 있다. 이 생물을 잃게 된다면 유일무이한 무지갯빛 포유류를 잃는 것이다. 세상을 그 지경까지 만든 인류의 어리석음은 아마 용서받기 어려울 것이다.

스물한 번째 종인 소말리아황금두더지(Somali golden mole)를 보자. 이 종은 황금두더지계의 빅풋(Bigfoot. 미국·캐나다의 로키산맥 일대에서 목격된다는 미확인 동물 – 옮긴이)으로 살아있는 모습이 목격된 적이 없다. 1964년, 피렌체 동물학 연구소 교수 알베르토 시모네타(Alberto Simonetta)는 소말리아 어느 지역에서 폐기된 제빵용 오븐을 살피고 있었다. 오븐 안에는 원숭이올빼미 가족이 살고 있었는데, 이 새가 뱉어놓은 펠릿(pellet. 올빼미는 먹잇감을 통째로 삼킨 다음 소화되지 않는 뼈 등의 부위를 뭉쳐서 덩어리로 뱉어낸다 – 옮긴이)에서 잡다한 황금두더지 뼈가 발견되었다. 그중에는 '아랫턱뼈의 오른쪽 턱뼈가지'도 들어 있었다. 엄지 손톱을 깎아놓은 것보다 크지 않은 이 작은 턱뼈는 그때까지 알려진 황금두더지의 것이 아니었으므로 소말리아황금두더지, 학명은 칼코클

로리스 티토니스(*Calcochloris tytonis*)라는 신종으로 추가되었다. 시모네타는 살아있는 소말리아황금두더지를 찾아 나섰고, 현지 아이들에게 이 황금두더지를 산 채로 잡아오면 돈을 주겠다고 약속했지만 가져오는 이는 없었다. 결국 이 동물이 살아있다는 유일한 기록은 〈소말리아에서 발견된 신종 황금두더지와 황금두더짓과의 분류〉라는 제목의 29페이지짜리 논문이 유일하다. 소말리아황금두더지는 적색목록에 '자료 부족'으로 올라가 있다. 이 범주로 취급되는 포유류가 전체의 14퍼센트나 된다. 이는 얼마나 많은 개체가 우리와 세계를 공유하는지에 대한 정보가 전혀 없다는 뜻이다. 우리는 다른 황금두더지에 대해서도 모르는 게 많지만 소말리아황금두더지에 대해서는 정말 아는 게 없다. 무슨 색인지, 실은 어느 미지의 지역에서 많은 수가 조용히 살고 있는 것은 아닌지, 혹시 그 올빼미가 먹은 것이 지구상의 마지막 소말리아황금두더지는 아니었는지 등등 말이다.

아마도 가장 불가사의한 것은 황금두더지의 몸이 빛나도록 진화한 이유일 것이다. 소위 무지갯빛을 띠는 동물은 물리적 구조에 의해 빛의 파장이 결합하면서 보는 각도에 따라 다양한 색깔로 변하는 것처럼 보인다. 이 현상은 자연 세계에서 흔히 나타나지만 거기에는 명백한 목적이 있다. 예를 들어 모르포나비 날개 전체의 복잡하고 선명한 푸른색은 인간이 만든 잉크나 물감으로는 도저히 복제할 수 없다. 모르포나비의 무지갯빛은 자외선을 반사해 멀리 있는 다른 모르포나비와 연락을 주고받을 때 필요하다고 여겨진다. 루포스벌새(rufous hummingbird) 수컷 또한 비슷한 방식으로 빛나는 오렌지 턱받이를 착용했는데, 르네상스 시대의 주름진 목깃이 총천연색으로 구현된 것 같다. 짝에게 구애할 때 이 벌새는 목의 깃털을 부풀리고 하늘 높이 날아오른 다음 주변 공기의 진동음이 크게 들릴 정도로 빠르게 수직으로 하강한다. 한번은 런던에서 발렌타인데이에 술에 취해 내반족에 걸린 비둘기와 프라이드치킨을 나눠 먹으려고 하다가 거리의 불빛 아래에서 이 새의 목 깃털이 청록색에서 자홍색으로 바뀌는 걸 본 적이 있다.

아무튼 모든 동물이 이유가 있어서 무지갯빛을 지닌다. 그러나 기본적으로 황금두더지는 앞이 보이지 않는 동물이다. 이 동물의 눈은 한 겹짜리 피부와 털로 덮여 있어서 제 몸의 휘광을 보려야 볼 수가 없다. 게다가 황금두더지는 흙과 모래를 50센티미터나 파고 들어가 그 시원한 땅속에 살면서 곤충을 사냥할 때만 올라온다. 현재로서는 황금두더지의 털이 굴 파는 일을 수월하게 하기 위해 납작한 털이 빽빽하게 들어차고 마모성과 마찰력이 작도록 진화한 것으로 생각된다. 각도에 따라 반짝거리면서 변하는 색깔은 진화 과정에서 우연히 나타난 부산물이다. 딱히 목적도 없이 저 지하 세계의 느린 기술에 얻어걸린 영광의 빛이다. 그래서 저들은 아프리카의 강렬한 태양 아래에서 자신이 얼마나 아름다운지 미처 알지 못한 채 땅을 파고 짝짓기하고 사냥하고 그렇게 살다가 죽는다.

이는 황금두더지의 사정만이 아니다. 인간 역시 빛나는 존재다. 우리는 무한한 생체발광성 존재로 인체 안에서 일어나는 화학 반응이 빛의 기본 입자인 광자를 방출한다. 그 빛은 인간의 눈으로 알아보기에 너무 희미하지만 지속적이며 얼굴 주위로 모여 있다. 황금두더지처럼 우리 역시 자신의 눈에는 보이지 않는 광채를 발산하고 있다.

The Human
인간

이 세상은 아주 희귀할뿐더러 너무나도 훌륭하다. 희한하고 위태로운 경이로 가득 찬 곳이 이 세상이다. 그중에서도 정보를 바탕으로 한 적극적이고 지속적인 인간의 관심이야말로 가장 진귀하고 또 강력한 것이다.

그래서 이 책은 독자의 관심과 경탄을 얻어보려는 구애의 시도였다. 왜냐하면 아직 세상에는 구할 수 있는 것들이 많기 때문이다. 두려움과 분노도 자극의 원동력이 될 수 있지만 그것만으로는 충분치 않다. 우리를 움직이는 것은 우리의 유능하고 배려하는 사랑이어야 한다. 세상에서 가장 고귀한 보물은 무엇일까? 생명이다. 외뿔고래, 거미, 천산갑, 칼새, 그리고 흠이 있지만 반짝거리는 인간까지, 살아있는 모든 것, 그리고 그것들이 의지해 살아가는 땅이 가장 큰 보물이다. 그렇다면 우리는 더 사납고 더 굳은 의지로 보물을 지켜야 한다.

이 책을 한 이야기로 끝내자.

인간, 그리고 보물에 대한 인간식 계산법에 관한 이야기,
《시빌 경서》의 이야기다.《시빌 경서》는 기원전 약 510년경
그리스어로 된 시의 형태로 신탁을 모아놓은 책이다. 예언
가인 나이 든 무녀가 로마의 마지막 왕에게 세상에 대한 예
언이 담긴 아홉 권의 책을 살 기회를 주었다는 것이 이야기
의 골자이다. 그 책을 사는 과정에 관한 진실은 수백 번이나
되풀이하여 전해졌는데, 그중에서도 기원후 177년에 로마
문법학자인 아울루스 겔리우스(Aulus Gellius)가 쓴《아티카
야화(Noctes Atticae)》, 다음 세기에 오리게네스가 쓴 책, 그
리고 더글러스 애덤스(Douglas Adams)가 이 이야기를 바탕
으로 쓴《마지막 기회라니?》가 가장 유명하다. 이야기는 대
략 이렇게 흘러간다.

옛날 옛적에 크고 잘 사는 도시가 있었다. 그곳에는 잔치와
고된 노동과 바쁘게 살아가는 시민들이 있었다. 어느 해 봄,
노파 하나가 도시를 찾아왔다. 낡은 옷을 입고 튼튼한 신발
을 신은 여인이었다. 노파는 아홉 권의 책을 들고 있었는데
거기에는 세상의 모든 지혜와 지식, 그리고 아직 누구에게
도 말하지 않은 세상의 비밀이 담겨 있었다. 노파는 그 아홉

권의 책을 커다란 황금 자루 한 포대와 맞바꾸겠다고 했다. (아울루스 겔리우스는 얼마인지 정확히 지정하지 않고 그저 '지나치게 많은 액수'라고만 썼다.)

사람들이 생각하기에 노파의 말이 어이가 없고 어딘가 빈정이 상했다. 경제관념도 없고 돈의 가치나 금에 대해서 아는 것이 하나도 없는 무지렁이 같은 여인이라고 다들 수군거렸다. 그러고는 그냥 책을 가지고 떠나라고 했다.

'정 그러시다면.' 노파가 말했다. 그러나 가기 전에 노파는 아홉 권 중에서 세 권을 태우겠다고 했다.

노파는 마을 광장에 작게 불을 피우고 세상의 모든 비밀이 들어 있는 책 세 권을 태웠다. 그리고 공중에 아직 연기가 자욱할 때 도시를 떠났다.

그해 겨울은 날씨가 좋지 못해 홍수와 눈 폭풍이 불었지만 사람들은 그럭저럭 잘 이겨냈다. 여름 햇살이 다시 빛나기 시작했을 때 현명한 노파가 도시로 돌아왔다.

사람들은 노파에게 아직 밝혀지지 않은 세상의 비밀로 장사

잘하고 있냐고 물었다.

노파는 그렇다고 대답한 다음 그들에게 남은 여섯 권을 팔겠다고 했다. 세상의 모든 지혜와 비밀의 3분의 2였다. 그러나 노파는 가격을 올려 금 두 자루를 불렀다.

사람들은 터무니없는 가격에 노파가 폭리를 취한다며 항의했다. 지혜의 3분의 2를 팔면서 값은 두 배나 올리는 경우가 어딨는가? 노파는 어깨를 으쓱하더니 성냥을 빌렸다. 세 권의 책이 다시 불길에 사라졌다.

겨울이 찾아왔다. 이번 겨울은 좀 더 혹독했다. 많은 사람이 죽었지만 봄이 되어 태양이 찾아오자 살만해졌다.

노파가 도착했고, 주머니에는 세 권이 있었다.

노파는 나머지 세 권을 금 네 자루에 팔겠다고 했다. 셈에 밝은 도시 사람들이 기가 찬 듯 웃었다. 이 노파가 제정신인가?

노파가 장작을 달라고 했다.

'잠깐만!' 사람들이 말했다. 그래도 한 번쯤 살펴볼 가치가 있지 않을까. 사람들은 일단 책을 두고 가면 미래의 어느 시점이 되었을 때 그 책에 가치가 있는 내용이 있었는지 없었는지 합의하여 노파에게 알려주겠다고 했다.

노파는 고개를 저었다.
'번거롭겠지만 장작을 부탁하오.'

사람들은 장작을 가져오지 않았다.

'책을 원하는 거요?'
'그 가격에는 안 되오. 너무 비싸서 도저히 감당할 수 없소. 좀 더 현실적으로 따져봅시다.'

노파는 다시 어깨를 으쓱하더니 건초를 만들고 남은 마른풀을 모아 쌓아 올렸다. 그해에는 작황이 좋지 않아 건초의 양도 많지 않았다. 노파는 마른풀 한가운데 책 두 권을 던져놓고 불을 붙였다. 책은 순식간에 타버렸다.

이듬해 봄에 돌아온 노파의 겨드랑이에는 한 권만 껴 있었다. 노파를 애타게 기다렸던 사람들이 서둘러 말했다.

'값은 여덟 자루겠지? 옜소, 여기 금이 있소.'

노파가 말했다.
'이제 책값은 금 열여섯 자루요.'

사람들이 말했다.
'하지만 우리는 여덟 자루로 계획하고 준비했소.'

'열여섯 자루도 싼 거요.'
노파가 말했다.

'참 상종 못 할 사람이로군.'

노파가 눈에 힘을 잔뜩 주고 사람들을 노려보았다. 개중에 현명한 사람들은 뒤로 물러섰다.

'저것도 싼 거요. 저 책에는 모든 금을 뛰어넘을 만큼의 금이 들었소.'

'힘든 한 해였단 말입니다. 우리도 정말 죽겠어요.'

노파는 아무 말 없이 놀라울 정도로 민첩하게 불쏘시개를 모았다.

사람들은 집으로 돌아가 열띤 논쟁을 벌이더니 결국은 금을 모아서 노파가 있는 곳으로 황금 열여섯 자루를 질질 끌고 왔다. 노파가 나뭇가지를 쌓아올리고 그 위에 마지막 책을 올려놓은 참이었다.

굶주림과 희망과 절망에 사로잡힌 사람들이 마지막 책을 부여잡았다. 노파는 고개를 끄덕이고는 황금 열여섯 자루를 튼튼한 말 두 마리 위에 얹고 발길을 돌려 도시를 떠났다.

떠나는 노파의 등에 대고 사람들이 '반드시 그만한 값어치가 있어야 할 것이오'라고 외쳤다.

'물론이오.' 노파가 말했다. '암, 당연하고말고. 놀랄 준비들이나 하시오.'

노파가 도시를 벗어나는 성문에 도착했다. 그녀는 뒤도 돌지 않고 말했다. '너희들은 이미 태워 없어진 내용을 보았어야 했다.'

그렇게 노파는 한때 존재했던 세상의 모든 지혜와 지식, 모든 비밀과 밝혀지지 않은 아름다움의 극히 일부만을 남겨두고 그들을 떠났다. 그들은 할 수 있는 한 오래도록 그것을 이용하고 최선을 다해 남은 것을 소중히 다루어야 할 것이다.

저자의 말

이 책으로 저자에게 들어오는 수익의 절반은 기후 변화와 환경 파괴를 막기 위해 애쓰는 단체에 영구 기부됩니다(육상 단체와 해양 단체에 각각 하나씩). 이 책을 구매하는 독자는 곧 그들을 후원하는 것입니다. 미리 진심으로 감사드립니다.

감사의 말

〈런던 리뷰 오브 북스〉의 편집자이자 공동 설립자인 메리-케이 윌머스, 그리고 그녀의 후임자인 공동 편집자, 앨리스 스폴스에게 가장 큰 감사 인사를 드리고 싶다. 이 책에 나오는 동물 중 일부는 위 저널에 처음 실렸다. 이들에게 정식으로 보금자리를 마련해준 것에 진심으로 감사한다.

비크롬 마투르의 관대함과 전문 과학 지식에 대해, 그리고 오래전에 황금두더지의 존재를 알려준 에이미 제프스에게도 무한한 고마움을 전한다. 다 열거하자면 책 한 권을 쓸 수 있을 만큼 감사와 사랑을 빚진 사람들이 많다. 그게 자신이라 알고 있을 모두에게 인사하고 싶다. 감사합니다.

더 읽을거리

웜뱃 The Wombat

- John Simons, Rossetti's Wombat: Pre-Raphaelites and Australian Animals in Victorian London (2008)
- Nicole Starbuck, Baudin, Napoleon and the Exploration of Australia (2015)
- Larry Vogelnest and Rupert Woods (eds), Medicine of Australian Mammals (2008)

그린란드상어 The Greenland Shark

- J. D. Borucinska et al., 'Ocular lesions associated with attachment of the parasitic copepod Ommatokoita elongata (Grant) to corneas of Greenland sharks, Somniosus microcephalus', Journal of Fish Diseases 21:6 (1998), pp. 415–22
- Julius Nielsen, Jan Heinemeier et al., 'Eye lens radiocarbon reveals centuries of longevity in the Greenland shark (Somniosus microcephalus)', Science 353 (2016), pp. 702–4
- Morten Str.ksnes, Shark Drunk: The Art of Catching a Large Shark from a Tiny Rubber Dinghy in a Big Ocean (2017)

기린 The Giraffe

- Michael Allin, Zarafa: The True Story of a Giraffe's Journey from the Plains of Africa to the Heart of Post-Napoleonic France (1999)
- Matilda E. Dunn et al., 'Investigating the international and pan

-African trade in giraffe parts and derivatives', Conservation Science and Practice 3:5 (2021), e390
- Bryan Shorrocks, The Giraffe: Biology, Ecology, Evolution and Behaviour (2016)

칼새 The Swift

- Susanne Åkesson et al., 'Migration routes and strategies in a highly aerial migrant, the common swift Apus apus, revealed by light-level geolocators', PLoS ONE 7(7) (2012), e41195
- Anders Hedenstr.m et al., 'Annual ten-month aerial life phase in the common swift Apus apus', Current Biology 26:22 (2016), pp. 3066–70
- David and Andrew J. Lack, Swifts in a Tower (2018)

여우원숭이 The Lemur

- Peter M. Kappeler and J. Ganzhorn, Lemur Social Systems and Their Ecological Basis (2013)
- Ivan Norscia and Elisabetta Palagi, The Missing Lemur Link: An Ancestral Step in the Evolution of Human Behaviour (2016)
- Elwyn Simons and David M. Meyers, 'Folklore and beliefs about the aye aye (Daubentonia madagascariensis)', Lemur News 6 (2001), pp. 11–16

소라게 The Hermit Crab

- Jennifer E. Angel, 'Effects of shell fit on the biology of the hermit crab Pagurus longicarpus (Say)', Journal of Experimental Marine Biology and Ecology 243: 2 (2000), pp. 169–84
- Aleksandr Mironenko, 'A hermit crab preserved inside an ammonite shell from the Upper Jurassic of central Russia:

Implications to ammonoid palaeoecology', Palaeogeography, Palaeoclimatology, Palaeoecology 537 (2020), e109397
- Judith S. Weis, Walking Sideways: The Remarkable World of Crabs (2012)

바다표범   The Seal

- Gisela Heckel and Yolanda Schramm (eds), Ecology and Conservation of Pinnipeds in Latin America (2021)
- Colleen Reichmuth and Caroline Casey, 'Vocal learning in seals, sea lions, and walruses', Current Opinion in Neurobiology 28 (2014), pp. 66–71
- Marianne Riedman, The Pinnipeds: Seals, Sea Lions, and Walruses (1990)

곰   The Bear

- Thomas Browne, Pseudodoxia Epidemica or Enquiries into very many received tenents and commonly presumed truths (1646)
- Caroline Grigson, Menagerie: The History of Exotic Animals in England (2015)
- Terence Hawkes, Shakespeare in the Present (2002)

외뿔고래   The Narwhal

- Zackary Graham et al., 'The longer the better: evidence that narwhal tusks are sexually selected', Biology Letters 16:3 (2020)
- Geir H.nneland and Leif Christian Jensen, Handbook of the Politics of the Arctic (2015)
- Martin Nweeia et al., 'Sensory ability in the narwhal tooth organ system', The Anatomical Record 297:4 (2014), pp. 599–617

까마귀 The Crow

- Heather Cornell et al., 'Social learning spreads knowledge about dangerous humans among American crows', Proceedings of the Royal Society 279 (2011), pp. 499–508
- 나단 에머리, 《버드 브레인》(동아엠앤비) Nathan Emery and Frans B. M. Waal, Bird Brain: An Exploration of Avian Intelligence (2016)
- Mark Walters, Seeking the Sacred Raven: Politics and Extinction on a Hawaiian Island (2012)

산토끼 The Hare

- P. J. Edwards et al., 'Review of the factors affecting the decline of the European brown hare, Lepus europaeus', Agriculture, Ecosystems and Environment 79:2–3 (2000), pp. 95–103
- Alan Kors and Edward Peters (eds), Witchcraft in Europe, 400–1700 (2001)
- Marianne Taylor, The Way of the Hare (2017)

늑대 The Wolf

- Barry Lopez, Of Wolves and Men (revised edition, 2004)
- L. David Mech and Luigi Boitani (eds), Wolves: Behavior, Ecology, and Conservation (2003)
- Alanna Skuse, 'Wombs, worms and wolves: constructing cancer in early modern England', Social History of Medicine 27:4 (2014), pp. 632–48

고슴도치 The Hedgehog

- Peter Brears, Cooking and Dining in Medieval England (2008)
- Elizabeth Morrison (ed.), Book of Beasts: The Bestiary in the

Medieval World (2019)

- Pliny the Elder, Natural History, trans. H. Rackham, 5 vols (2012)

코끼리   The Elephant

- Henry Du Pr. Labouch.re, Diary of the Besieged Resident in Paris (1871)
- Prithiviraj Fernando et al., 'DNA analysis indicates that Asian elephants are native to Borneo and are therefore a high priority for conservation', PLoS Biology 1:1 (2003), e6
- Michael Garstang, Elephant Sense and Sensibility (2015)

해마   The Seahorse

- David Abulafia, The Boundless Sea: A Human History of the Oceans (2020)
- T. R. Consi et al., 'The dorsal fin engine of the seahorse (Hippocampus sp.)', Journal of Morphology 248:1 (2001), pp. 80–97
- Anthony B. Wilson et al., 'The dynamics of male brooding, mating patterns, and sex roles in pipefishes and seahorses (family Syngnathidae)', Evolution 57:6 (2003), pp. 1374–86

천산갑   The Pangolin

- Daniel Ingram et al., 'Assessing Africa-wide pangolin exploitation by scaling local data', Conservation Letters 11:2 (2018), e12389
- Bin Wang et al., 'Pangolin armor: overlapping, structure, and mechanical properties of the keratinous scales', Acta Biomaterialia 41 (2016), pp. 60–74
- Carly Waterman et al. (eds), Pangolins: Science, Society and Conservation (2019)

- Tim Birkhead et al., Ten Thousand Birds: Ornithology since Darwin (2014)
- Thomas Harrison, 'Birds in the Moon', Isis 45:4 (1954), pp. 323–30
- Otto Lilienthal, Birdflight as the Basis of Aviation: A Contribution towards a System of Aviation, Compiled from the Results of Numerous Experiments Made by O. and G. Lilienthal (1889)
- Isabella Tree, Wilding : The Return of Nature to a British Farm (2018)

- Leslie Brunetta and Catherine L. Craig, Spider Silk: Evolution and 400 Million Years of Spinning, Waiting, Snagging, and Mating (2010)
- Raimondo Maria de Termeyer, revised by Burt Green Wilder, Researches and Experiments upon Silk from Spiders, and upon Their Reproduction (1866)
- Norman Platnick, Spiders of the World: A Natural History (2020)

- Arden Christen and Joan Christen, 'Dr Lytle Adams' incendiary "bat bomb" of World War II', Journal of the History of Dentistry 52:3 (2004), pp. 109–15
- M. Brock Fenton and Nancy B. Simmons, Bats: A World of Science and Mystery (2015)
- George D. Pollak and John H. Casseday, The Neural Basis of Echolocation in Bats (2012)

다랑어 The Tuna

- Trevor Corson, The Story of Sushi: An Unlikely Saga of Raw Fish and Rice (2008)
- Charles F. Mason, Erwin H. Bulte and Richard D. Horan, 'Banking on Extinction: Endangered Species and Speculation', Oxford Review of Economic Policy 28:1 (2012), pp. 180–92
- Jennifer Telesca, Red Gold: The Managed Extinction of the Giant Bluefin Tuna (2020)

황금두더지 The Golden Mole

- Richard Girling, The Hunt for the Golden Mole: All Creatures Great and Small, and Why They Matter (2014)
- M. J. Mason and P. M. Narins, 'Seismic sensitivity in the desert golden mole (Eremitalpa ranti): A review', Journal of Comparative Psychology 116(2) (2002), pp. 158–63
- J. D. Skinner and Christian T. Chimimba, The Mammals of the Southern African Sub-region, (2005)

인간 The Human

- 더글러스 애덤스, 마크 카워다인, 《마지막 기회라니?》(홍시) Douglas Adams and Mark Carwardine, Last Chance to See (1989)
- 웬델 베리, 《나에게 컴퓨터는 필요없다》(양문) Wendell Berry, What Are People For? (2010)
- Frantz Fanon, The Wretched of the Earth (1961)
- Aulus Gellius, The Attic Nights, with an English Translation, trans. and ed. John C. Rolfe (1927)
- Amitav Ghosh, The Great Derangement: Climate Change and the Unthinkable (2016)
- Alexis Pauline Gumbs, Undrowned: Black Feminist Lessons from

Marine Mammals (2020)

- 벨 훅스, 《올 어바웃 러브》(책읽는수요일) bell hooks, All about Love:
  New Visions (2000)
- Steve Rayner and Elizabeth L. Malone (eds), Human Choice and
  Climate Change, 4 vols (1998)
- Marilynne Robinson, The Death of Adam: Essays on Modern
  Thought (2000)
- Andrew E. Snyder-Beattie et al., 'The timing of evolutionary
  transitions suggests intelligent life is rare', Astrobiology 21:3 (2021),
  pp. 265–78
- 레베카 솔닛, 《어둠 속의 희망》(창비) Rebecca Solnit, Hope in the
  Dark: Untold Histories, Wild Possibilities (2016)
- 데이비드 월러스 웰즈, 《2050 거주불능 지구: 한계치를 넘어 종말로 치
  닫는 21세기 기후재난 시나리오》(추수밭) David Wallace-Wells, The
  Uninhabitable Earth: A Story of the Future (2019)

살아있니, 황금두더지
사라져 가는 존재에 대한 기억

글 캐서린 런델
그림 탈야 볼드윈
옮긴이 조은영

1판 1쇄 펴냄 2024년 5월 13일

펴낸곳 곰출판
출판신고 2014년 10월 13일 제2024-000011호
전자우편 book@gombooks.com
전화 070-8285-5829
팩스 02-6305-5829

디자인 구삼삼공일오 디자인
종이 영은페이퍼
제작 미래상상

ISBN 979-11-89327-31-6 03400